口絵 1　貴金属単結晶ビーズ上に現れた（111）および（100）ファセットの実物写真（Yamada, R., Uosaki, K.（2009）"Bottom-up Nanofabrication:Supramolecules, Self-Assemblies, and Organized Films", Ariga, K., Nalwa, H. S. Eds., p.377, American Scientific Publishers）
（本文 p.134 参照）

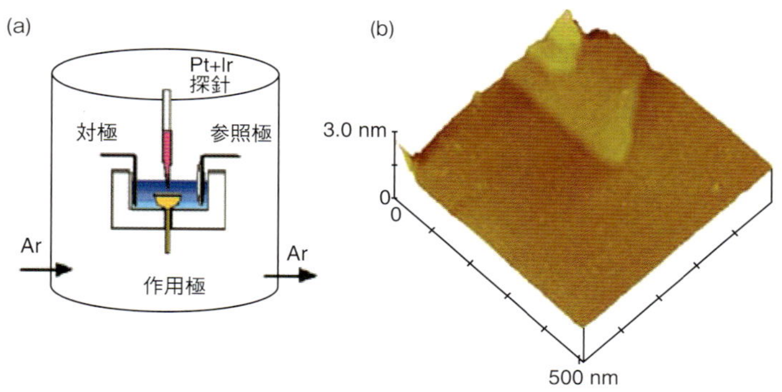


口絵 2　電気化学セルと STM 像の例（魚崎浩平（2013）応用物理, **82**, 107）
(a) 電気化学 STM 用セルの配置．(b) 50 mmol L$^{-1}$ 硫酸溶液中，電位制御下（0.95 V（*vs.* Ag／AgCl））で測定した Au(111) 電極表面の STM 像．（本文 p.119 参照）

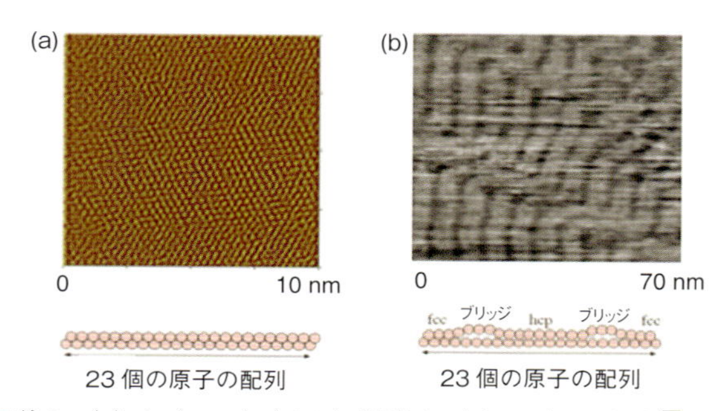


口絵 3　(a) Au(1 1 1)-(1×1) 構造と (b) Au(1 1 1)-($\sqrt{3}$×23) 構造（Uosaki, K.（2015）*Jpn. J. Appl. Phys.* **54**, 030102-2）
上段は STM 像，下段は断面の模式図．（本文 p.30 参照）

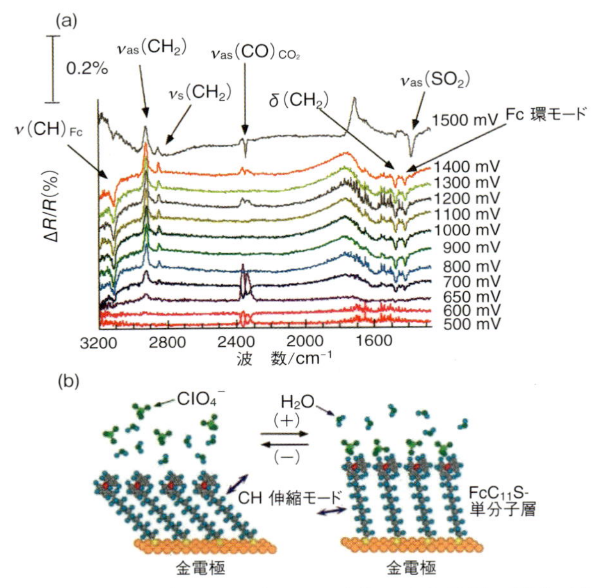


口絵 4　SNIFTIR スペクトルと電極上に形成した分子層の配向（魚崎浩平（2013）応用物理, **82**, 111）

(a) 金電極表面上のフェロセニルウンデカンチオール自己組織化単分子層の, 100 mV でのスペクトルを基準とした電位依存 IRRA スペクトル（p 偏光で測定）, (b) 電位に依存した自己組織化単分子層の配向モデル図.（本文 p.101 参照）

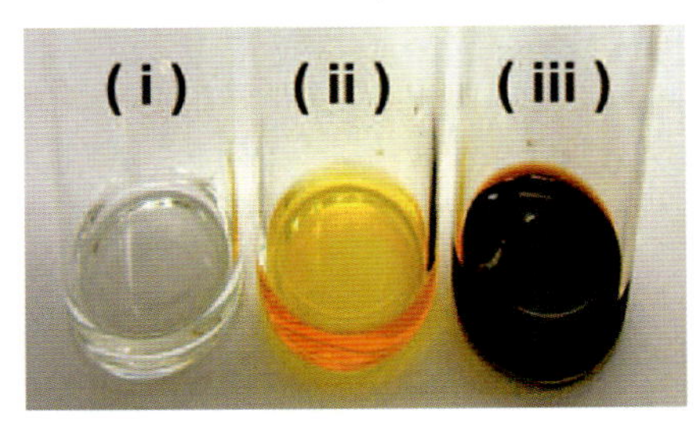


口絵 5　イオン液体中でスパッタリング法によって作製した金の超微粒子（Torimoto, T., *et al*. (2006) *Appl. Phys. Lett*., **89**, 243117-2）

(i) TMPA–TFSI 自身, (ii) TMPA–TFSI 中で作製, (iii) EMI–$BF_4$ 中で作製.（本文 p.180 参照）

# 金属界面の基礎と計測

日本化学会［編］

魚崎浩平
近藤敏啓［著］

共立出版

## 『化学の要点シリーズ』編集委員会

# 『化学の要点シリーズ』発刊に際して

現在，我が国の大学教育は大きな節目を迎えている．近年の少子化傾向，大学進学率の上昇と連動して，各大学で学生の学力スペクトルが以前に比較して，大きく拡大していることが実感されている．これまでの「化学を専門とする学部学生」を対象にした大学教育の実態も大きく変貌しつつある．自主的な勉学を前提とし「背中を見せる」教育のみに依拠する時代は終焉しつつある．一方で，インターネット等の情報検索手段の普及により，比較的安易に学修すべき内容の一部を入手することが可能でありながらも，その実態は断片的，表層的な理解にとどまってしまい，本人の資質を十分に開花させるきっかけにはなりにくい事例が多くみられる．このような状況で，「適切な教科書」，適切な内容と適切な分量の「読み通せる教科書」が実は渇望されている．学修の志を立て，学問体系のひとつひとつを反芻しながら咀嚼し学術の基礎体力を形成する過程で，教科書の果たす役割はきわめて大きい．

例えば，それまでは部分的に理解が困難であった概念なども適切な教科書に出会うことによって，目から鱗が落ちるがごとく，急速に全体像を把握することが可能になることが多い．化学教科の中にあるそのような，多くの「要点」を発見，理解することを目的とするのが，本シリーズである．大学教育の現状を踏まえて，「化学を将来専門とする学部学生」を対象に学部教育と大学院教育の連結を踏まえ，徹底的な基礎概念の修得を目指した新しい『化学の要点シリーズ』を刊行する．なお，ここで言う「要点」とは，化学の中で最も重要な概念を指すというよりも，上述のような学修する際の「要点」を意味している．

本シリーズの特徴を下記に示す.

1）科目ごとに，修得のポイントとなる重要な項目・概念などをわかりやすく記述する.
2）「要点」を網羅するのではなく，理解に焦点を当てた記述をする.
3）「内容は高く」,「表現はできるだけやさしく」をモットーとする.
4）高校で必ずしも数式の取り扱いが得意ではなかった学生にも，基本概念の修得が可能となるよう，数式をできるだけ使用せずに解説する.
5）理解を補う「専門用語，具体例，関連する最先端の研究事例」などをコラムで解説し，第一線の研究者群が執筆にあたる.
6）視覚的に理解しやすい図，イラストなどをなるべく多く挿入する.

本シリーズが，読者にとって有意義な教科書となることを期待している.

『化学の要点シリーズ』編集委員会

井上晴夫（委員長）

池田富樹　伊藤　攻　岩澤康裕　上村大輔　佐々木政子　高木克彦

# はじめに

金属は身の回りにあふれた材料であるが，多くの用途で金属が他の相（固体，液体，気体）と接する“金属界面”が重要な役割を果たしている．“金属/固体界面”は，現代の電子デバイスや高集積回路を構築するうえで欠かせない界面であり，“金属/液体界面”は，電池やセンサなど電気化学反応を用いたデバイス構築だけでなく，めっきや表面処理といった電気化学反応を利用する，さらに腐食や防食といった工業製造設備，建築物さらには道路などのインフラの保全や全地球的規模の環境を考えるうえで重要である．“金属/気体界面”は，触媒反応などの工業プロセスやガスセンサなどのデバイス構築で基礎と応用の両面で重要である．

本書は，このように現代社会の重要な役割を担っている“金属界面”を基礎から理解し，その制御と利用を考える基盤の提供を目的としている．

まず，“金属”の特徴と用途について概説したのち，“金属界面”の電子構造や幾何構造（原子配列）についてバルクと比較しながら述べ，種々の“金属界面（金属/固体，金属/気体，金属/液体界面）”で起こる代表的な現象を紹介する．次いで，“金属界面”での現象を理解し，デバイスの構築やプロセス開発に応用するうえで不可欠である金属界面構造（電子構造，幾何構造，分子構造）の原子・分子レベルでの計測法について概説する．最後に，“金属界面”の調製法，界面物質相の構築法，さらにはそれらの手法を用いた新たな機能の発現について，研究開発の例を紹介する．

本書を草するにあたり多くの方々からたくさんのご助言，ご協力をいただいた．とくに，コラムをご執筆いただいた大塚俊明氏（北海道大学)，八木一三氏（北海道大学)，佃 達哉氏（東京大学)，松尾翔太氏（東京大学)，佐藤 縁氏（産業技術総合研究所)，坂口裕樹氏（鳥取大学)，動見康弘氏（鳥取大学)，ならびに本書に詳細なコメントをいただいた加連明也氏（物質・材料研究機構，(株) 東レリサーチセンター)，野口秀典氏（物質・材料研究機構)，山田亮氏（大阪大学)，増田卓也氏（物質・材料研究機構）に感謝する．

最後に，本書の出版にあたって終始多大なご高配をいただいた共立出版株式会社の酒井美幸氏に厚く御礼申し上げる．

2016 年 9 月

近藤　敏啓
魚崎　浩平

# 目　次

# コラム目次

# 第1章

# 序　論

一般に，金属光沢を有し，導電率，熱伝導率が高く，強度が大きく，延性と展性がともに大きく，常温で固体であり比較的融解しにくいものを“金属”とよび，それ以外のものを“非金属”という[1]．しかし，これはおおよその区別であり，これらの性質からはずれるものもある．たとえば，水銀は常温で液体であり，セシウム（28℃），ガリウム（30℃），ルビジウム（39℃）など融点が室温に近い金属もいくつかある．本章では，“金属界面”を議論する基礎として，このような特徴をもつ“金属”を原子の視点から眺めるとともに，その用途について簡単に述べる．

## 1.1　金属元素

単体が金属としての性質をもつ元素が金属元素であり，現在知られている118種類の元素のうち，図1.1の周期表［1,2］のグレー地で示される81種類の元素が金属元素†に分類されている．原子番号の増加に伴って最外殻の軌道に電子が入り，性質が大きく変化

† 金属の分類は必ずしも厳密なものではなく，ここで金属としたゲルマニウム，アンチモン，ポロニウムを半金属として区別することもある．ホウ素，ケイ素（シリコン），ヒ素，テルルなども半金属とされることがある．

なお，ケイ素の英語名はシリコンであり，材料としてよぶときは日本語でも“シリコン”とよぶため，本書では以降“シリコン”と表記する．

| 周期＼族 | 1 | 2 | 3 | 4 | 5 | 6 | 7 | 8 | 9 | 10 | 11 | 12 | 13 | 14 | 15 | 16 | 17 | 18 |
|---|---|---|---|---|---|---|---|---|---|---|---|---|---|---|---|---|---|---|
| 1 | 1<br>H<br>水素 | | | | | | | | | | | | | | | | | 2<br>He<br>ヘリウム |
| 2 | 3<br>Li<br>リチウム | 4<br>Be<br>ベリリウム | | | | | | | | | | | 5<br>B<br>ホウ素 | 6<br>C<br>炭素 | 7<br>N<br>窒素 | 8<br>O<br>酸素 | 9<br>F<br>フッ素 | 10<br>Ne<br>ネオン |
| 3 | 11<br>Na<br>ナトリウム | 12<br>Mg<br>マグネシウム | | | | | | | | | | | 13<br>Al<br>アルミニウム | 14<br>Si<br>ケイ素 | 15<br>P<br>リン | 16<br>S<br>硫黄 | 17<br>Cl<br>塩素 | 18<br>Ar<br>アルゴン |
| 4 | 19<br>K<br>カリウム | 20<br>Ca<br>カルシウム | 21<br>Sc<br>スカンジウム | 22<br>Ti<br>チタン | 23<br>V<br>バナジウム | 24<br>Cr<br>クロム | 25<br>Mn<br>マンガン | 26<br>Fe<br>鉄 | 27<br>Co<br>コバルト | 28<br>Ni<br>ニッケル | 29<br>Cu<br>銅 | 30<br>Zn<br>亜鉛 | 31<br>Ga<br>ガリウム | 32<br>Ge<br>ゲルマニウム | 33<br>As<br>ヒ素 | 34<br>Se<br>セレン | 35<br>Br<br>臭素 | 36<br>Kr<br>クリプトン |
| 5 | 37<br>Rb<br>ルビジウム | 38<br>Sr<br>ストロンチウム | 39<br>Y<br>イットリウム | 40<br>Zr<br>ジルコニウム | 41<br>Nb<br>ニオブ | 42<br>Mo<br>モリブデン | 43<br>Tc<br>テクネチウム | 44<br>Ru<br>ルテニウム | 45<br>Rh<br>ロジウム | 46<br>Pd<br>パラジウム | 47<br>Ag<br>銀 | 48<br>Cd<br>カドミウム | 49<br>In<br>インジウム | 50<br>Sn<br>スズ | 51<br>Sb<br>アンチモン | 52<br>Te<br>テルル | 53<br>I<br>ヨウ素 | 54<br>Xe<br>キセノン |
| 6 | 55<br>Cs<br>セシウム | 56<br>Ba<br>バリウム | 57～71<br>ランタノイド | 72<br>Hf<br>ハフニウム | 73<br>Ta<br>タリウム | 74<br>W<br>タングステン | 75<br>Re<br>レニウム | 76<br>Os<br>オスミウム | 77<br>Ir<br>イリジウム | 78<br>Pt<br>白金 | 79<br>Au<br>金 | 80<br>Hg<br>水銀 | 81<br>Tl<br>タリウム | 82<br>Pb<br>鉛 | 83<br>Bi<br>ビスマス | 84<br>Po<br>ポロニウム | 85<br>At<br>アスタチン | 86<br>Rn<br>ラドン |
| 7 | 87<br>Fr<br>フランシウム | 88<br>Ra<br>ラジウム | 89～103<br>アクチノイド | 104<br>Rf<br>ラザホージウム | 105<br>Db<br>ドブニウム | 106<br>Sg<br>シーボーギウム | 107<br>Bh<br>ボーリウム | 108<br>Hs<br>ハッシウム | 109<br>Mt<br>マイトネリウム | 110<br>Ds<br>ダームスタチウム | 111<br>Rg<br>レントゲニウム | 112<br>Cn<br>コペルニシウム | 113<br>Nh<br>ニホニウム | 114<br>Fl<br>フレロビウム | 115<br>Mc<br>モスコビウム | 116<br>Lv<br>リバモリウム | 117<br>Ts<br>テネシン | 118<br>Og<br>オガネソン |
| | | ランタノイド | | 57<br>La<br>ランタン | 58<br>Ce<br>セリウム | 59<br>Pr<br>プロセオジム | 60<br>Nd<br>ネオジム | 61<br>Pm<br>プロメチウム | 62<br>Sm<br>サマリウム | 63<br>Eu<br>ユウロピウム | 64<br>Gd<br>ガドリニウム | 65<br>Tb<br>テルビウム | 66<br>Dy<br>ジスプロシウム | 67<br>Ho<br>ホロミウム | 68<br>Er<br>エルビウム | 69<br>Tm<br>ツリウム | 70<br>Yb<br>イッテルビウム | 71<br>Lu<br>ルテチウム |
| | | アクチノイド | | 89<br>Ac<br>アクチニウム | 90<br>Th<br>トリウム | 91<br>Pa<br>プロトアクチニウム | 92<br>U<br>ウラン | 93<br>Np<br>ネプツニウム | 94<br>Pu<br>プルトニウム | 95<br>Am<br>アメリシウム | 96<br>Cm<br>キュリウム | 97<br>Bk<br>バークリウム | 98<br>Cf<br>カリホルニウム | 99<br>Es<br>アインスタニウム | 100<br>Fm<br>フェルミウム | 101<br>Md<br>メンデレビウム | 102<br>No<br>ノーベリウム | 103<br>Lr<br>ローレンシウム |

図 1.1　周期表（『理科年表　平成 28 年』（2015）p.381，丸善出版）

グレー地は金属元素．元素番号 113, 115, 117, 118 の各元素名は 2016 年 6 月に新たに命名されたものである（https://iupac.org/iupac-is-naming-the-four-new-elements-nihonium-moscovium-tennessine-and-oganesson/）.

する典型元素（1,2,12[†]～18族）のうち，原子番号104以上の人工元素を除く，1族のリチウム以下，2族のすべて，12族のすべて，13族のアルミニウム以下，14族のゲルマニウム以下，15族のアンチモン以下，16族のポロニウムは金属元素であり，典型金属とよばれることもある．このうち，1族の元素は水素を除きアルカリ金属，2族の元素はベリリウムとマグネシウムを除きアルカリ土類金属とよばれる．3～11族の元素は原子番号の増加に伴って内側の電子殻に電子が入り，そのため電子数の変化（族の違い）に伴う性質の変化が少なく，遷移元素とよばれるが，これらはすべて金属であり，ランタノイド系，アクチノイド系を含めて遷移金属元素と総称される．

## 1.2　原子から結晶へ

図1.1をながめてみると，金属に分類されたグレー地の元素は最外殻の電子（価電子）を失い，陽イオンになりやすいという共通の特徴をもっていることに気づくであろう．価電子は金属原子どうしが結合したときに自由電子となる（この結合を金属結合という）．金属原子が集まってバルク結晶になると，自由電子の電子軌道が重なり，大きなエネルギーバンドをつくる．ここで“バルク”とは，十分な数の原子がネットワークで結ばれ，それ以上原子の個数を増やしても固まりの性質がほとんど変化せず，無限の数の原子による固体ができたとみなせるもののことである．

リチウムを例としてバンドの形成について考えてみよう（図1.2）．リチウム原子は$(1s)^2(2s)^1$の電子配置をとり，2s軌道に価

† 12族を遷移元素と分類することもある．

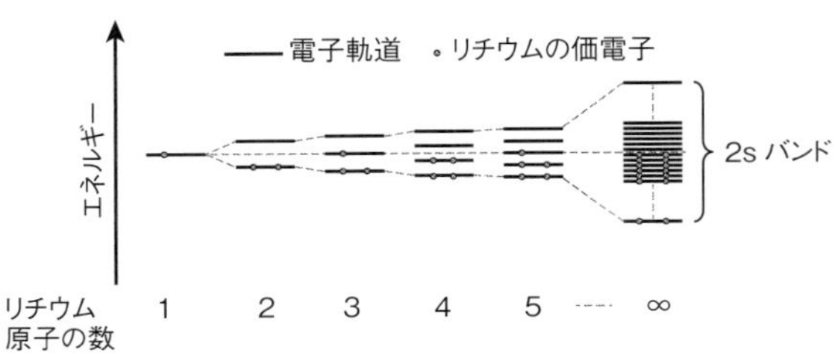


図 1.2　リチウム原子の 2s 軌道からの分子軌道（2s バンド）の形成の模式図

電子を1つもっている．リチウム原子2つが結合すると，それぞれの 1s および 2s 軌道から2個ずつの分子軌道ができる．1s 軌道からできる分子軌道は結合性の軌道（$\sigma_{1s}$）と反結合性の軌道（$\sigma_{1s}$*）のいずれもが 1s 軌道からの2つずつの電子で満たされ，結果として結合に関与しない．一方それぞれのリチウム原子の価電子（2s 軌道からの電子）は 2s 軌道からできた2個の分子軌道のうちのエネルギーが低い結合性軌道（$\sigma_{2s}$）に対になって入り，結合が形成され，反結合性軌道（$\sigma_{2s}$*）は空のまま残る．結合するリチウム原子の数が3個，4個，5個と増加すると，2s 軌道からできる分子軌道の数も原子の数だけ，すなわち3個，4個，5個と増えていく．このときそれぞれのリチウムの価電子はエネルギーが低い結合性軌道から順番に2つずつ入っていく．軌道間のエネルギー差は軌道数の増加とともに小さくなる．金属リチウムの 2s 軌道の結合性軌道と反結合性軌道の幅は 8.4 eV であり，1 mol のリチウムでは，アボガドロ（Avogadro）数だけ軌道ができていることから，軌道間のエネルギー差は $10^{-23}$ eV 程度と非常に小さく連続した準位と考えることができ，バンドとよばれる．これは 2s 軌道から構成されるため 2s バンドといわれ，全リチウム原子にわたって形成されている．つまり，バンド内のどの電子も特定のリチウム原子に属せず，バルク結晶内を自由に動き回れる自由電子となる．電子はバンドのちょうど半分の準位まで入っており，その準位（電子の最高被占準位）をフェルミ（Fermi）準位，そのエネルギーをフェルミエネルギー（$E_F$）という．フェルミ準位の上には空の連続準位が全リチウム原子にわたって広がっていることから，バイアスをかけると電子が容易に移動できる，つまり高い電気伝導性（電導性）をもつことになる．このバンドは伝導に寄与することから伝導帯（conduction band）とよばれる．

あるエネルギー $E$ における電子占有確率は，温度 $T$ の関数としてフェルミ分布関数とよばれる次式で与えられる．

$$f(E)=\frac{1}{1+\exp\{(E-E_F)/kT\}} \tag{1.1}$$

ここで，$k$ はボルツマン（Boltzmann）定数である．絶対零度ではフェルミ準位を境に存在確率が 1 から 0 に変化するが，温度が上がると電子は熱的に励起され，フェルミ準位近傍（$\pm 4kT$ 程度）での存在確率が変化するが，フェルミ準位での電子の占有確率はどの温度でも 1/2 である．リチウム金属の場合，1s 軌道からできる 1s バンドは完全に電子によって満たされており（充満帯：filled band），2p 軌道より高いエネルギーをもった軌道からできるバンドには電子は存在しない（空帯：vacant band）．2s バンドとこれらのバンドとの間には禁止帯とよばれる，準位が存在しない領域が存在する．

次にベリリウムの場合を考えてみよう．ベリリウム原子の電子配置は $(1s)^2(2s)^2$ と閉殻であり，2s バンドだけを考えると電子で完全に満たされ，伝導性は期待できない．しかし，ベリリウムの固体においては 2s 軌道からのバンドと 2p 軌道からのバンドがエネルギー的に重なりをもち，連続的なエネルギーをもつバンドが形成され，その一部が2s 電子によって満たされているために電導性をもち，金属となる．

電導性など金属特有の性質は金属全体に広がった伝導帯の存在に起因しており，バンドのエネルギーはそれぞれの元素の電子配置や原子核によって異なるため，金属の諸性質（金属の色や磁性など）は，元素によって異なる．詳細な金属の電子構造については第2章で述べる．本書では，銅や白金などに代表される身近で応用上も価値が高い遷移金属元素をおもに取り扱う．遷移金属元素では，d 軌道が最外殻電子を担っており，d 軌道のもつさまざまな特性が金属の安定性や触媒反応と深く関連している．

## 1.3　代表的な金属の用途

地球上（地殻内）には，人工元素を除き周期表に載っているすべての元素が存在しているが，その存在度はさまざまであり，金属も炭素以上にたくさん存在しているものから，レアメタルとよばれるごく少量しかないものまである．地殻中の元素の存在度はいろいろな観点から調査されているが，アメリカ地質調査所（United States Geological Survey；USGS）が2002 年に発表したものを例として図1.3 に示す［3］．自然界で単体として産出する金属は金や白金など非常に限られており，ほとんどの金属は酸化物，硫化物のかたちで存在している．したがって，原料鉱石を採掘し，目的の元素を含んだ鉱石を取り出し，品位を上げる選鉱，鉱石の還元により金属を得る製錬，取り出した金属の純度を高める精錬などの過程を経て金属が得られる．

金属材料は，身近なところから目に見えないところまで，われわれの生活と産業を支えており，21 世紀の現代社会においてなくて

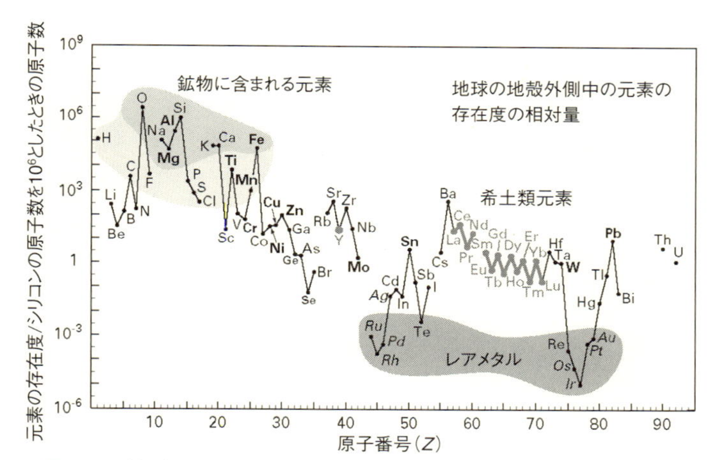


図 1.3　地殻中の元素の存在度（http://pubs.usgs.gov/fs/2002/fs087-02/）
縦軸はシリコンの原子数を $10^6$ 個に規格化したものであり，横軸は原子番号である．うすい濃淡で示した領域の元素は岩石を構成しているおもな元素，濃いグレーで示した領域はレアメタルを表す．希土類元素をグレー字で，おもな工業用金属元素を太字で，貴金属を斜体字で表している．

はならないものである．力学的に強く，延性と展性に富み，また熱伝導性や電導性が高いという性質をもつ金属の特性を活かした用途は多岐にわたっているが，おもな用途としては構造材料，電子・磁気材料，およびエネルギー材料があげられる [4,5]．おもな金属材料の用途の質量比と金属材料全体の質量比の平均を図 1.4 に示す [6]．また，原材料価格をそれぞれの用途別に図 1.5 に示した．

① **構造材料**：金属の使用量が最も多いのは金属のバルクとしての機械的（力学的）性質を活かした構造材料である．

上で示したように，地殻中での存在度が**アルミニウム**（Al）に次いで高い金属元素である**鉄**（Fe）は安価で加工しやすく，われわれにとって最も利用価値の高い金属材料である．鉄は炭素やさまざ

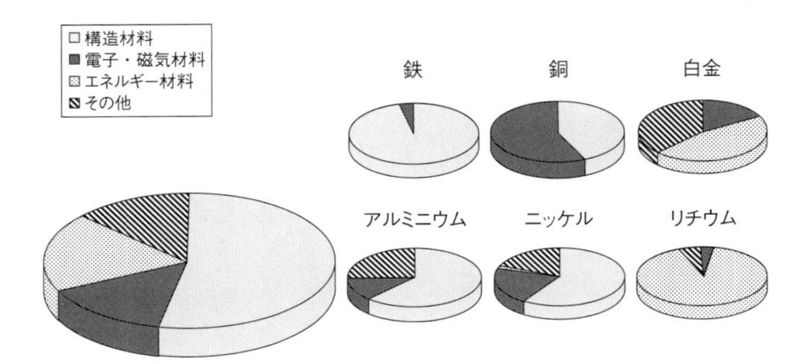


図 1.4　おもな金属材料の用途別質量比（右）と金属材料全体の用途別質量比の平均（左）（石油天然ガス・金属鉱物資源機構の金属資源情報（http://mric.jogmec.go.jp）の鉱種別レポート鉱物資源マテリアルフロー（2013）より抜粋）
左図は右に示した金属のほか，鉛，亜鉛，コバルト，タングステン，マグネシウム，シリコンのデータをまとめたものである．

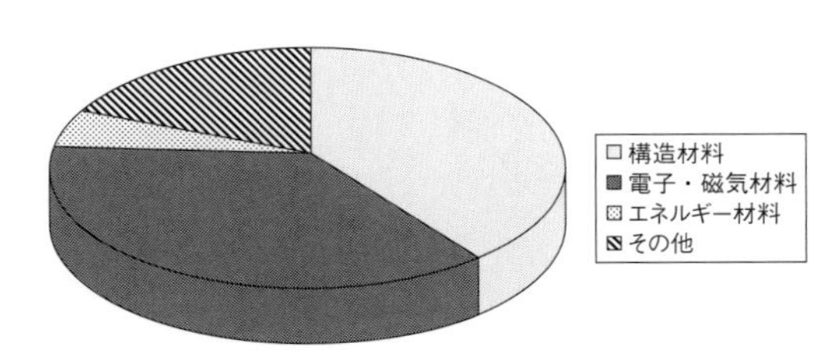


図 1.5　図 1.4 のデータをもとにおもな金属材料の価格を用途別にまとめたもの
原材料価格は 2015（平成 27）年 7 月 12 日現在のものを使用した．

まな微量金属を加えることで鋼となり，加える炭素量によって，あるいは焼き入れをすることで硬度を調節でき，刃物の素材から鉄道レールや鉄筋，鉄骨などの建築物，土木建造物の構造用部材として使われている．鉄と**ニッケル**（Ni），**クロム**（Cr）の合金であるステンレス鋼は耐食性が高いうえに見た目が美しいため，パイプやタンク，缶，流し台などから鉄道車両や自動車，さらには産業ロボットなど，あらゆる分野の構造材料に利用されている．

地殻中での存在度が一番高い金属材料であるアルミニウムは，軽くてさびにくく，そのうえ加工しやすいため，ロケットや人工衛星，航空機や電車，自動車，船舶など，ほとんどすべての移動媒体のさまざまな部位の構造材料として使われている．移動媒体以外でも，サッシやエレベータ，屋根や壁などの建築材料，また鋳造しやすいという特徴を活かして缶材や医薬品の包装材，歯磨き粉や接着剤のチューブなどにも使われている．現在ほとんどの場合がアルミニウム合金として利用されているが，1 円硬貨は 100% アルミニウムである．

実用金属のなかで最も軽い**マグネシウム**（Mg）は，軽合金材料として自動車部品に使われているほか，リサイクル性の高さからモバイル機器や福祉機器などの構造体として利用されている．軽くて強度の高い**チタン**（Ti）は，航空機や自動車の部品や建築材料のほか，科学機器やスポーツ用品にまで構造材料として幅広く用いられている．また，チタンの無害かつ生体適合性を活かした，人工骨や人工歯，心臓弁などの医療機器や医療器具の構造体，形状記憶性を活かした温度センサや熱駆動体，アンテナなどの構造材料としての応用も重要である．また，地殻中の存在度はそれほど高くないが亜鉛鉱は容易に採掘されるため，**亜鉛**（Zn）は安価であり鋼材の防食を目的とした亜鉛めっき鋼板の材料として用いられている．

構造材料としての利用は基本的には金属バルクの性質を活かしたものであるが，防食，生体適合性，他の材料との密着性など，表界面の性質が実際の利用にあたっては重要な役割を果たしている．

②　**電子・磁気材料**：電子・磁気材料としての利用は，金属の電

子的性質を活かしたものであり，量的には構造材料，エネルギー材料より少ないが，付加価値は高い．

金属材料のなかでもとくに電導性や熱伝導性が高く，延性，展性，耐食性も高い**銅**（Cu）は，遷移金属のなかでも比較的存在度が高く安価であるため，多くの電子・電気部品や電線ケーブルの材料として使われている．地殻中の存在度はそれほど高くないが，鉄鉱石や岩石中にも比較的多く含まれているニッケルは，耐食性と電導性が高いため電気接点のめっきに用いられている．ニッケルと鉄，**モリブデン**（Mo），クロムの合金はパーマロイとよばれ，軟磁性を示すことから変圧器の鉄心や磁気ヘッドに使われている．**コバルト**（Co）を添加することによって磁性やキュリー（Curie）値が上がることから，コバルト合金は磁気材料として広く用いられている．地殻中の存在度が比較的高い**マンガン**（Mn）は単体では常磁性であるが，合金とすると強磁性を示すものがあり，トランスのコア材料など，さまざまな磁気材料に使われている．

地殻の存在度が酸素に次いで高い**シリコン**（Si）は，通常“金属”としては分類されないが，その半導体特性の高さからここではあえて金属材料のひとつとしてあげることにする．“半導体の米”とよばれるシリコンは，ダイオードやトランジスタといった単一機能の半導体素子から，これらの素子を数 cm 角の中に数億個も組み込んだ集積回路に至るまで，現在のわれわれの身の回りのあらゆる電気・電子機器に使われている．

電子・磁気材料として金属を利用する場合，金属や半導体との接合が不可欠であり，表界面の性質の理解と制御が重要である．

③　**エネルギー材料**：量的に構造材料に次いで使用量が多いのはエネルギー材料である．電池，燃料電池，太陽電池など，持続可能な社会の確立に不可欠なデバイスの心臓部に使われており，ますま

すその重要性は増すものと考えられる.

重金属のなかでは比較的存在度が高い**鉛**（Pb）は，古くから鉛蓄電池の電極材料として用いられている．原子番号の一番小さな金属元素である**リチウム**（Li）は，地殻中の存在度はそれほど高くないが，全元素中酸化還元電位が最も負であるため，現代のモバイル機器になくてはならないリチウムイオン二次電池の材料として使われている．リチウムイオン二次電池の正極材料として使われるのは，コバルトやマンガンがあげられる．またマンガンはマンガン乾電池やアルカリ乾電池の正極材料にも使われており，ニッケルはニッケル・水素蓄電池やニッケル・**カドミウム**（Cd）蓄電池などの二次電池の正極に使われている.

地殻中の存在度の低い，いわゆるレアメタルである**白金**（Pt）は，自動車の排気ガスの浄化触媒や化学工業における水素化反応の触媒などに利用されてきたが，近年では開発が進んできた燃料電池の電極触媒として使われている．また白金と同様，地殻中の存在度が低くレアメタルである**パラジウム**（Pd）は，水素エネルギーの利用という観点から水素吸蔵合金として注目されている．しかしながら，これらのレアメタルは高価であるため，いかにレアメタルの使用量を削減できるか，あるいはレアメタルの代替材料の新規開発が研究対象となっている.

単体で半導体特性を示すシリコンや**ゲルマニウム**（Ge），またその化合物が半導体特性を示す**ガリウム**（Ga），亜鉛，カドミウム，**インジウム**（In）などは，近年のエネルギー問題から注目されている太陽電池の材料として用いられている.

電池，燃料電池，太陽電池のいずれにおいてもエネルギー変換過程は異相界面で起こっており，表界面の理解と制御なしには本用途への応用は不可能である.

## 参考文献

[1] 化学大辞典編集委員会 編,『化学大辞典 2』(1963) 共立出版.
[2] https://iupac.org/iupac-is-naming-the-four-new-elements-nihonium-moscovium-tennessine-and-oganesson/
[3] http://pubs.usgs.gov/fs/2002/fs087-02/
[4] 日本金属学会 編 (2004)『金属データブック』, 第4版, 丸善出版.
[5] 日本化学会 編 (2004)『化学便覧』, 第5版, 丸善出版.
[6] 石油天然ガス・金属鉱物資源機構の金属資源情報 (http://mric.jogmec.go.jp) の鉱種別レポート鉱物資源マテリアルフロー (2013).

第2章

# 金属界面の基礎

金属の諸性質については，金属の電子構造や結晶構造から考えると理解しやすい．そこで本章では金属界面の基礎として，金属，とくに金属界面（表面）の電子構造と結晶構造（原子配列）について概説し，その後，金属界面の役割や金属界面で起こるさまざまな現象について述べる．

## 2.1　金属界面の電子構造

### 2.1.1　物質の電子構造

金属の最も重要な性質のひとつである電導性は，前節で述べた固体物質内のエネルギーバンドの構造（これをバンド構造という）によって支配されるので，ここではまず固体のバンド構造について考える．物質を電導性の大小で分類すると，導体，半導体，絶縁体に分けられる．物質の電気伝導度（$\sigma$）は以下の式のように，物質中を自由に移動できる電荷（キャリアともいう，ここでは電子（electron；電荷はマイナス）および正孔（hole；電子の空孔のこと，したがって電荷はプラス）をさす）の量（密度）とその移動度に依存する [1,2]．

$$\sigma = |e|(n_e\mu_e + n_h\mu_h) \tag{2.1}$$

ここで，$e$ は素電荷，$n_e$，$n_h$ は電子および正孔の密度，$\mu_e$，$\mu_h$ は電子および正孔の移動度である．典型的な導体では 1 cm$^3$ あたり $10^{22}$ 個程度の伝導電子が存在するのに対し，絶縁体では $10^{10}$ 個以下と導体の 1 兆分の 1 もない．半導体では，物質の種類および不純物の添加（ドーピング）によってキャリア密度は幅をもっており，室温では $10^{10}$〜$10^{20}$ 個 cm$^{-3}$ 程度である．

図 2.1 に，(a) 金属，(b) 絶縁体，(c) 半導体のバンド構造を示す．1.2 節で述べたように，金属では伝導帯のある準位まで電子が存在している（これを充満帯という）のに対し，絶縁体では空帯と充満帯が禁止帯をはさんで明確に分かれている．最上部の充満帯は物質を構成する元素の最外殻電子である価電子によって満たされていることから価電子帯とよばれる．電子の満ちた価電子帯では電子が動けないため，電導性はない．電子の占有確率は，前述のフェルミ分布関数（(1.1) 式）で与えられるが，絶縁体のフェルミ準位は伝導帯の下端と価電子帯の上端の中央，すなわち禁止帯の中央に存在する．絶縁体の禁止帯の幅（バンドギャップあるいはエネルギーギャップ）は大きく（たとえばダイヤモンドは約 5.5 eV），室温での励起確率は低く，電導性は低い（ダイヤモンドは $10^{-14}$ S cm$^{-1}$ 以下）．温度の上昇とともに充満帯から空帯へ電子が熱励起され，空帯での電子の存在確率は上がる．空帯には空の連続準位が存在するため，励起された電子は自由に移動でき電導性が生じる．したがって空帯のことを伝導帯とよぶ．充満帯に生じた電子の抜けた空準位（正孔）も伝導に寄与する．しかし，禁止帯の幅が小さくなると（図 2.1(c)），伝導帯の電子（価電子帯の正孔）の存在確率は増え，電導性が生まれる．このような物質を真性半導体とよぶ（図 2.1(c)-1）．たとえば絶縁体であるダイヤモンドと同じ結合様式をとるシリコンやゲルマニウムの結晶などがこれに相当する．シリコ

ンとゲルマニウムのバンドギャップはそれぞれ 1.1 eV および 0.66 eV とダイヤモンドに比べてかなり小さく，それに対応して電導率も $\sim 10^{-2}$ S cm$^{-1}$ および 10 S cm$^{-1}$ となる．絶縁体と真性半導体の間に明確な区別はなく，$\sim 10^{-8}$ S cm$^{-1}$ 程度を境にすることが多い．真性半導体にごくわずかの不純物を添加（ドープ）することで電導性は大きく変わる．たとえば，14 族元素のシリコンにごく微量（10 ppb～100 ppm 程度）の 15 族元素をドープすると，伝導帯下端より少し低いエネルギーのところに不純物準位ができ（図 2.1(c)–2），この不純物準位に局在する電子が温度の上昇とともに熱的に伝導帯に励起され電導性が生じる．不純物準位から伝導帯に励起された電子，すなわち negative な（負の）電荷がキャリアとなるこのような半導体を n 型半導体という．一方，シリコンに 13 族元素をドープすると，価電子帯上端より少し高いエネルギーのところに不純物準位ができ（図 2.1(c)–3），価電子帯からこの不純物準位に電子が熱的に励起され，価電子帯に形成された正孔（すなわち

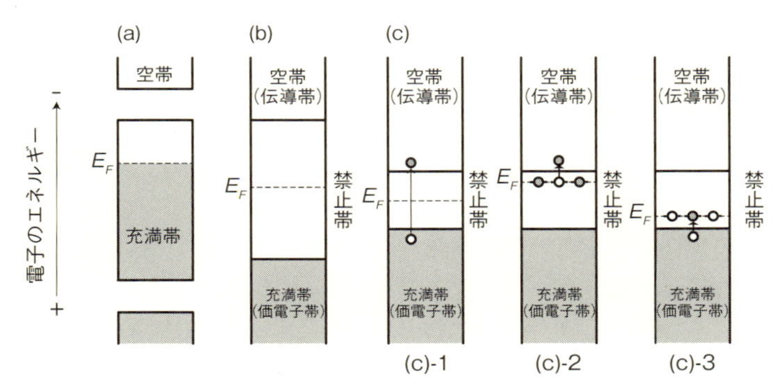


図 2.1 (a) 金属，(b) 絶縁体，(c) 半導体（(c)–1：真性半導体，(c)–2：n 型半導体，(c)–3：p 型半導体）のバンド構造
グレーの部分に電子が存在している．$E_F$ はフェルミエネルギー．

positive な（正の）電荷）がキャリアとなって電導性が生じる．このような半導体を p 型半導体という．

### 2.1.2　金属界面（表面）の電子構造

金属が真空を含む他の相と接した界面である金属界面（表面）の電子構造は，上で述べた，いわゆるバルクのものとは異なる [1–5]．バルクでは，おのおのの原子が三次元的に周囲を隣接する原子で囲まれているために相互作用によってバンド幅が広がっており，その分状態密度が低くなっているのに対し，表面（他の物質相と接している界面）ではバルクに比べて隣接する原子の数が少ないために相互作用が小さくなり，バンドの幅は狭く，状態密度は高くなっている．また，後述するように表面では再配列構造をとることが多く（2.2.4 項），原子配列の違いに起因する電子構造の変化も生じる．

局在性が低く，波導関数の空間分布に異方性のない，s 軌道や p 軌道が伝導帯を形成する単純金属では，表面の電子状態を不連続に分布した金属イオンを一様に平均化した正電荷の背景に置き換え，その背景の中を運動する自由電子（価電子）の集合を考えるジュリウムモデルで表すことができる [6–8]．一様な背景の正電荷は，金属表面で途切れているのに対し，電子は表面近傍から徐々に減少し，一部は表面から浸み出ていると考えられる．

一方，局在性が高く，波導関数の空間分布に明確な異方性をもつ d 軌道が伝導帯を形成する遷移金属では，表面の電子構造はより複雑になる．例としてタングステンの単結晶（W(1 0 0)，表記法は次節を参照）の理論計算された電子状態密度を図 2.2 に示す [6, 9]．表面第2層目，3層目はバルク（図には中央層と記されている）とほぼ同様，フェルミ準位付近で極小をとっているのに対し，最外

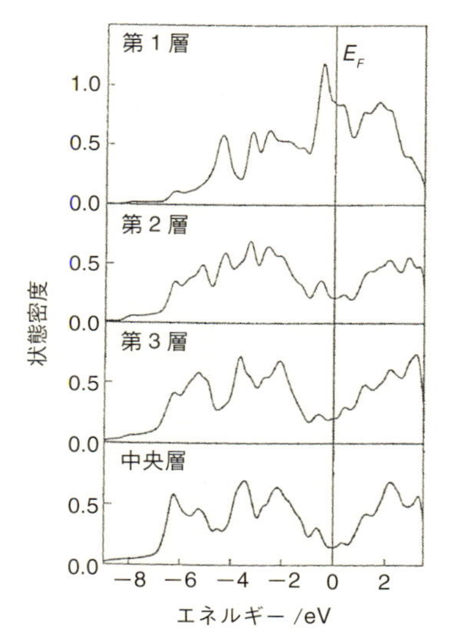


図2.2 W(100)表面における各層ごとの局所状態密度（小間 篤ほか（1997）『表面・界面の電子状態』，p.13，丸善出版）

層（表面第1層）の状態密度にはフェルミ準位付近に鋭いピークがあり，d軌道に起因した表面特有の電子構造の存在を示している．化学吸着（2.4.1項参照）や触媒反応（2.4.2項参照）に，この構造が大きく影響するものと考えられている．たとえば，白金表面に一酸化炭素が吸着すると，白金表面のフェルミ準位近傍の空準位および占有準位が，それぞれ一酸化炭素の最高被占軌道（highest occupied molecular orbital；HOMO）である5$\sigma$軌道，および最低空軌道（lowest occupied molecular orbital；LUMO）である2$\pi$*軌道とがカップリングして新しい軌道が形成される［10, 11］．

## 2.2　幾何構造（原子配列）

### 2.2.1　金属バルクの幾何構造

理想的な固体単結晶のバルクは，単位格子とよばれる基本単位が三次元的に規則正しく並んでいるものと考えることができる．単位格子の一般系は平行六面体であり，その3陵のベクトル，$\boldsymbol{a}$，$\boldsymbol{b}$，$\boldsymbol{c}$ とそれらがなす角，$\alpha$，$\beta$，$\gamma$ により規定され，結晶はその対称性により6種類の結晶系に分類される（表2.1）[12–15]．

立方晶系では $\boldsymbol{a}$，$\boldsymbol{b}$，$\boldsymbol{c}$ の大きさが等しく，それぞれが互いに直交しており，格子点（原子）の位置により，さらに単純立方格子

表2.1　結晶系の分類

| 結晶系 | 単位格子の軸の大きさ | 単位格子の軸角 |
|---|---|---|
| 三斜晶系 | $\boldsymbol{a}\neq\boldsymbol{b}\neq\boldsymbol{c}$ | $\alpha\neq\beta\neq\gamma$ |
| 単斜晶系 | $\boldsymbol{a}\neq\boldsymbol{b}\neq\boldsymbol{c}$ | $\alpha=\gamma=90^\circ\neq\beta$ |
| 斜方晶系 | $\boldsymbol{a}\neq\boldsymbol{b}\neq\boldsymbol{c}$ | $\alpha=\beta=\gamma=90^\circ$ |
| 正方晶系 | $\boldsymbol{a}=\boldsymbol{b}\neq\boldsymbol{c}$ | $\alpha=\beta=\gamma=90^\circ$ |
| 立方晶系 | $\boldsymbol{a}=\boldsymbol{b}=\boldsymbol{c}$ | $\alpha=\beta=\gamma=90^\circ$ |
| 菱面体晶系 | $\boldsymbol{a}=\boldsymbol{b}=\boldsymbol{c}$ | $\alpha=\beta=\gamma<120^\circ$，$\neq90^\circ$ |
| 六方晶系 | $\boldsymbol{a}=\boldsymbol{b}\neq\boldsymbol{c}$ | $\alpha=\beta=90^\circ$，$\gamma=120^\circ$ |

（Kittel, C.（1976）“Introduction to Solid State Physics”, p.9, Weily）

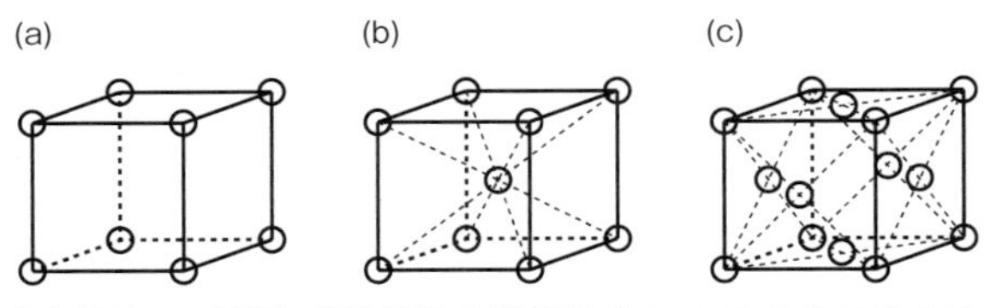


図2.3　立方晶系の3種類の単位格子の模式図（Masel, R. I.（1996）“Principles of Adsorption and Reaction on Solid Surfaces”, p. 29, John Wiley & Sons）
（a）単純立方格子，（b）体心立方格子，（c）面心立方格子．

表 2.2　立方晶系の単位格子の特徴

| | 単純立方格子 | 体心立方格子 | 面心立方格子 |
|---|---|---|---|
| 単位格子の体積 | $\boldsymbol{a}^3$ | $\boldsymbol{a}^3$ | $\boldsymbol{a}^3$ |
| 単位立方格子の格子点の数 | 1 個 | 2 個 | 4 個 |
| 最近接格子点の数 | 6 個 | 8 個 | 12 個 |
| 最近接格子間の距離 | $\boldsymbol{a}$ | $(\sqrt{3}/2)\boldsymbol{a}$ | $(1/\sqrt{2})\boldsymbol{a}$ |
| 第 2 近接格子点の数 | 12 個 | 6 個 | 6 個 |
| 第 2 近接格子点間の距離 | $(\sqrt{2})\boldsymbol{a}$ | $\boldsymbol{a}$ | $\boldsymbol{a}$ |
| 充塡率 | 0.524 | 0.680 | 0.740 |

（Kittel, C.（1976）“Introduction to Solid State Physcics”, p.10, Weily）

(simple cubic；sc)，体心立方格子（body-centered cubic；bcc)，面心立方格子（face-centered cubic；fcc）の 3 種類に分類される．ほとんどの金属は立方晶系の bcc，fcc，および六方晶系の最密充塡（hexagonal close-pack；hcp）構造をとり，金属の 20% が fcc，21% が bcc，28% が hcp である．これらの構造および特徴を図 2.3 および表 2.2 に示す [12, 14].

### 2.2.2　金属表面の幾何構造

金属表面は，構成する原子の種類と原子の配列で定義することができる．図 2.4 は典型的な金属表面の模式図である [13]．金属の結晶は金属原子の層が積み重なったものであると考えることができ，表面に現れた平坦な領域は原子層高さ単位の段差で区切られている．この段差部分で区切られた原子レベルで平坦な領域を“テラス（terrace)”といい，原子層高さの段差部分を“ステップ(step)”という．また，ステップとステップが交差する部分を“キンク（kink)”という．通常，テラス上には吸着原子・分子やその集合体（アイランドとよばれる)，空孔などのさまざまな“欠陥

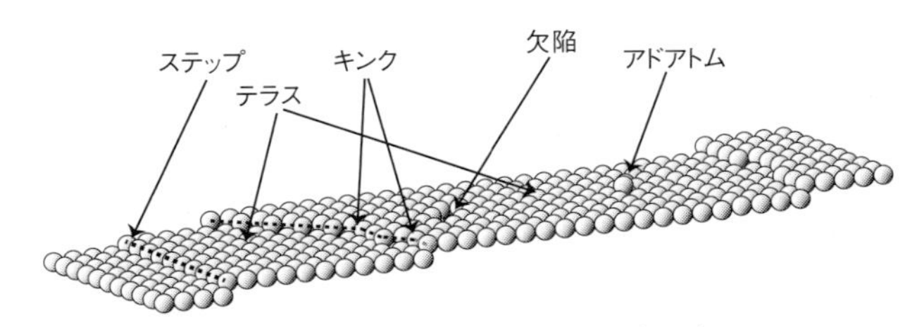


図 2.4　金属表面の構造の模式図（Somorjai, G. A.（1994）"Introduction to Surface Chemistry and Catalysis", p.43, John Wiley & Sons）

(vacancy)" が存在している．

われわれが目にする金属の結晶は非常に多数の金属原子からなり，それぞれの原子の配列の自由度は無限に近い．長周期で原子配列の整った結晶を "単結晶" といい，単結晶は原子が周期的に配列したものであるため，基本構造と空間格子に分けて考えることができ，空間格子が決まっている単結晶では結晶のもつ自由度は単位格子に含まれるたかだか数個の原子からなる基本構造だけを考えればよい．したがって，ここでは主としてこの理想表面である単結晶表面について概説する．

### 2.2.3　金属表面の原子配列の表記法

#### (1) 結晶面を表すミラー指数

2.2.1 項で述べたバルクの単位格子中のひとつの結晶面を規定するには，ミラー（Miller）指数（$h\ k\ l$）という1組の整数が用いられる．図 2.5 にミラー指数の例を示す [1].

ミラー指数は次のようにして求めることができる．

① 結晶面が3つのベクトル $\boldsymbol{a}$, $\boldsymbol{b}$, $\boldsymbol{c}$ を切りとる長さを，格子定数（$|\boldsymbol{a}|\ |\boldsymbol{b}|\ |\boldsymbol{c}|$）を単位として表す．

② これら3つの数の逆数をとり，それと同じ比をもつ最小の3

つの整数の組 $h$，$k$，$l$ を求める．

このようにして，ある1つの結晶面をミラー指数（$h\ k\ l$）によって表せる．また，結晶学的に等価な面の場合は $\{h\,k\,l\}$ と表す．たとえば，$\{1\ 0\ 0\}$ は（$1\ 0\ 0$）面，（$\bar{1}\ 0\ 0$）面，（$0\ 1\ 0$）面，（$0\ \bar{1}\ 0$）面，（$0\ 0\ 1$）面，（$0\ 0\ \bar{1}$）面の集合を意味している．

六方最密充填構造のような六方晶系の場合は，便宜的に4つの軸を用いて格子を記述する（図2.6）[12]．4つのうち3つの軸は底面にあり，互いに120°の角度で交わっている．残りの軸は底面

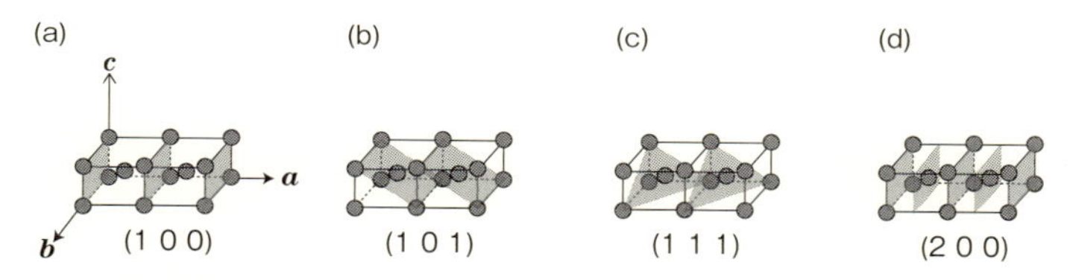


図2.5　bcc構造のいろいろな結晶面に対するミラー指数表示（玉井康勝，富田彰（1982）『固体化学Ⅰ』，朝倉化学講座16，p.24，朝倉書店）

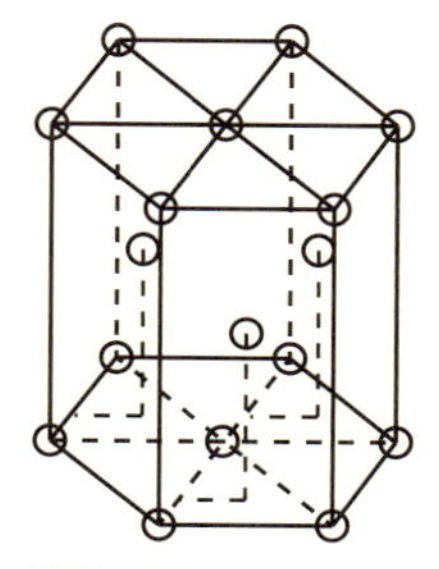

図2.6　六方最密充填（hcp）構造の模式図（Kittel,C.（1976）"IntroductiontoSolid State Physics", p.18, Wiley）

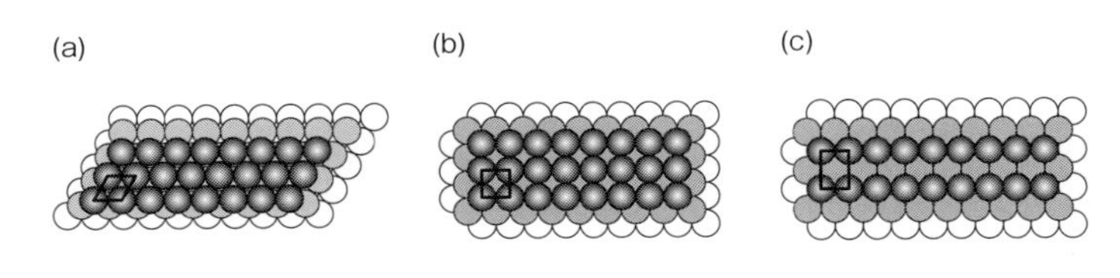


●：切断面に最も近い層の原子　●：切断面に２番目に近い層の原子　○：切断面に３番目に近い層の原子

図 2.7　fcc 結晶の低指数面の原子配列の模式図（Masel, R. I.（1996）“Principles of Adsorption and Reaction on Solid Surfaces”, p.38, John Wiley & Sons）
(a)（1 1 1）面,（b）（1 0 0）面,（c）（1 1 0）面．太線の四角形は結晶面の二次元単位格子．

に垂直な方向を向いている．この場合，面指数は（$h\ k\ i\ l$）のように表される．第4の指数 $i$ を定義することは必要条件ではなく，$i=-h-k$ の関係により $h$ と $k$ の値が決まれば $i$ の値は一義的に決まるため，単純に（$h\ k\ l$）で表す場合もある．

ミラー指数はあくまでも結晶面を示すものであり，表面に限定されるものではないことに注意が必要であるが，結晶表面の構造を表す場合にもミラー指数が用いられる．

結晶面がミラー指数の値の小さい面（低指数面）の場合，その面は比較的平坦である．図 2.7 は代表的な低指数面（fcc 結晶の場合）の理想的な原子配列を示したものである．

### (2) ステップとキンクの表記法

表面がミラー指数の大きい面（高指数面）の場合は，ステップやキンクのような欠陥構造をもち，低指数面に比べ凹凸がある．表面の欠陥構造を原子レベルで制御して，その物理的・化学的性質を調べることは基礎と応用両面で重要であり，さまざまな高指数面を用いた研究が実際に行われている．図 2.8 に示したのは，平坦な低指数面からなるテラスが階段状に並んだ高指数面の構造である [13–16].

上述したように表面には，表面の原子配列でできた階段状の部分（ステップ）が多数存在する．このような高指数面の記述にはミラー指数の代わりに，Lang らが提案した次のような記述法が用いられることが多い [13].

$$n\,(h_t\,k_t\,l_t) \times (h_s\,k_s\,l_s)$$

ここで，$(h_t\,k_t\,l_t)$ および $(h_s\,k_s\,l_s)$ は，テラスとステップ，それぞれの面のミラー指数であり，$n$ はテラスの幅を原子数で表したものである．この表記法によれば，

fcc(7 7 5) 面：7(1 1 1)×(1 1 1)
fcc(7 5 5) 面：6(1 1 1)×(1 0 0)

となる．図 2.8(b) で示した fcc(10 8 7) 面では，7(1 1 1)×(3 1 0) の関係があり，ステップ自身が高指数面となっている．すなわちステップの中にさらにステップが存在しており，これがキンクとなっている．

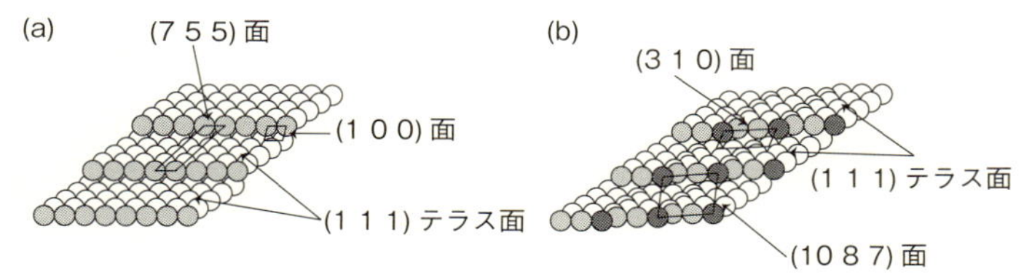


図 2.8 ステップやキンクが存在する高指数面の模式図の例（Somorjai, G. A. (1994) "Introduction to Surface Chemistry and Catalysis", p.51, John Wiley & Sons）
(a) fcc(7 5 5) 面，(b) fcc(10 8 7) 面.

### (3) 二次元格子の表記法

実際の結晶表面（二次元格子）の表記は，結晶をどのように切断したのかを示す上記のミラー指数に加え，二次元のブラベー（Bravais）格子を用いて表すことができる［3, 14, 17］．二次元のブラベー格子は5種類あり（図2.9），二次元面内の2つの単位ベクトルを $\boldsymbol{m}$，$\boldsymbol{n}$ で表すと二次元の周期構造のすべてはこの5種類の（$\boldsymbol{m}$，$\boldsymbol{n}$）格子で表すことができる．$\boldsymbol{m}$ と $\boldsymbol{n}$ は理想表面の基本格子ベクトルと同じであり，その表面構造を（$\boldsymbol{m} \times \boldsymbol{n}$）構造という．

表面の二次元原子配列が結晶内部（バルク）の構造を保持しているとき，その表面構造は（1×1）構造となる．表面の原子配列がバルクと同じ（1×1）構造をとっている場合，よく用いられるウッド（Wood）の表示法［13–15］では，

Pt(1 1 1)−(1×1)
Ni(1 0 0)−(1×1)

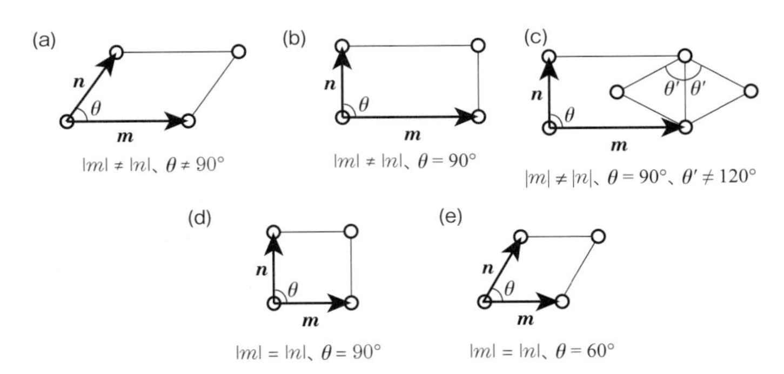


図2.9　二次元のブラベー格子（岩澤康裕ほか（2010）『ベーシック表面化学』，p.22，化学同人）
(a) 斜方格子，(b) 長方格子，(c) 面心長方格子，(d) 立方格子，(e) 六方格子．

のように表される．ここで，最初の部分は元素記号およびミラー指数である．実際の表面における周期構造とその表示法の例を図2.10に示す．

図2.10(a) では，fcc結晶の（1 0 0）方向での結晶面の周期構造（$\boldsymbol{a} \times \boldsymbol{b}$）に対して2倍の距離の周期構造（$\boldsymbol{m} \times \boldsymbol{n}$）があるので，ウッドの表示法では，

(1 0 0)−p(2×2)

と表す．ここで，“p” は primitive の略で単純な（$\boldsymbol{m} \times \boldsymbol{n}$）格子の場合に付けられるものだが，省略される場合が多い．図2.10(b) では，fcc結晶の（1 0 0）方向での結晶面の周期構造（$\boldsymbol{a} \times \boldsymbol{b}$）に対して2倍の距離の周期構造（$\boldsymbol{m} \times \boldsymbol{n}$）があり（ここまでは図2.10(a) と同じ），（$\boldsymbol{m} \times \boldsymbol{n}$）の真ん中にも1個存在するので，

(1 0 0)−c(2×2)

と表すか，あるいは（$\boldsymbol{a} \times \boldsymbol{b}$）に対して $\sqrt{2}$ 倍の距離の周期構造（$\boldsymbol{m}' \times \boldsymbol{n}'$）が45° 回転しているので，

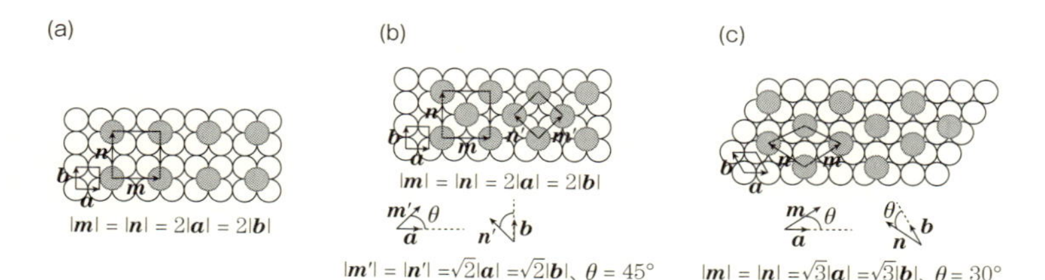


図2.10 表面周期構造とその表示法の例（Somorjai, G. A.（1994）“Introduction to Surface Chemistry and Catalysis”, p.49, John Wiley & Sons）
(a)（1 0 0)−p(2×2) 構造，(b)（1 0 0)−c(2×2) 構造または（1 0 0)−($\sqrt{2} \times \sqrt{2}$) *R45°* 構造，(c)（1 1 1)−c(3×3) 構造または（1 1 1)−($\sqrt{3} \times \sqrt{3}$)*R30°* 構造．

$$(1\ 0\ 0)-(\sqrt{2}\times\sqrt{2})R45^\circ$$

と表す．“c” は centered の略であり，“$R$” は回転を表している．図 2.10(c) では，fcc 結晶の（1 1 1）方向での結晶面の周期構造（$\boldsymbol{a}\times\boldsymbol{b}$）に対して$\sqrt{3}$倍の距離の周期構造（$\boldsymbol{m}\times\boldsymbol{n}$）が 30° 回転しているので，

$$(1\ 1\ 1)-(\sqrt{3}\times\sqrt{3})R30^\circ$$

と表す．図 2.11 は，Au(1 1 1）表面上に硫黄（S）原子が吸着したときに表される表面構造である（“吸着” 現象については，2.4.1 項参照）．図のような配列は，fcc 結晶の（1 1 1）表面に電解析出（電析）した金属層や吸着分子/吸着イオン層などにおいてしばしば観察されており［18, 19］，ウッドの表記法では，

$$\mathrm{Au}(1\ 1\ 1)-(\sqrt{3}\times\sqrt{3})R30^\circ-1\mathrm{S}$$

と表す．ここで，最後の “1S” は表面の単位格子中に含まれる元素種の数と種類を表している．単位格子中にその元素種が 1 個含

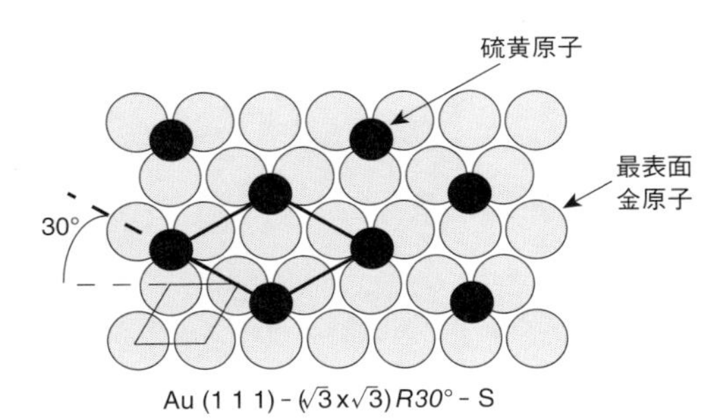


図 2.11　表面二次元構造の記述例の模式図
Au(1 1 1）表面に硫黄が（$\sqrt{3}\times\sqrt{3}$)$R30^\circ$ で吸着した場合.

まれる場合，この“1”は省略される．

### 2.2.4　表面緩和と表面再配列

金属が他の相と接した金属界面（表面）では，バルクとは原子のおかれた環境が異なるため，幾何構造がバルクのものと異なる場合が多く，上述したように電子構造もバルクのものとは異なる．幾何構造がバルクと異なるときには，結晶内で表面と平行な原子層内の二次元周期配列や対称性は維持したまま原子層どうしの距離がバルクと異なる場合と，原子層内の二次元周期や対称性までもがバルクと異なる場合がある．前者を表面緩和（surface relaxation），後者を表面再配列（surface reconstruction）という [1, 3, 13–16]．

表面緩和では，金属原子を剛体球と考えた場合にできる表面のすき間の割合（表面空隙率）が高いほど，すなわち最表面の原子密度が低いほど，一般に層間距離の変化率が高い．つまり，fcc 結晶の場合，表面原子密度が高い（1 1 1）面よりも表面原子密度が低い（1 0 0）面のほうが大きく表面緩和する傾向があり，逆に bcc 結晶の場合には（1 0 0）面よりも（1 1 1）面のほうが大きく表面緩和する傾向がある．最表面原子層と第 2 層目との間隔がバルクのそれより縮んだ場合，第 2 層目と第 3 層目との間隔は逆に少しだけ伸び，第 3 層目と第 4 層目はさらにそれより少しだけ縮み，というように，表面からバルクに向けて縮みと伸びを繰り返し，最終的にバルクの層間距離に落ち着く．

表面再配列では，一般に理想表面の（1×1）構造よりも大きな二次元格子となっている場合が多い．たとえば，fcc 結晶の（1 1 0）面では，理想表面だと図 2.12(a) のように最表面は列構造をとっている（図 2.7(c) と同様）が，白金や金などでは最外層の列が 1 列ごとになくなったような“missing row”構造とよばれる（1×2）

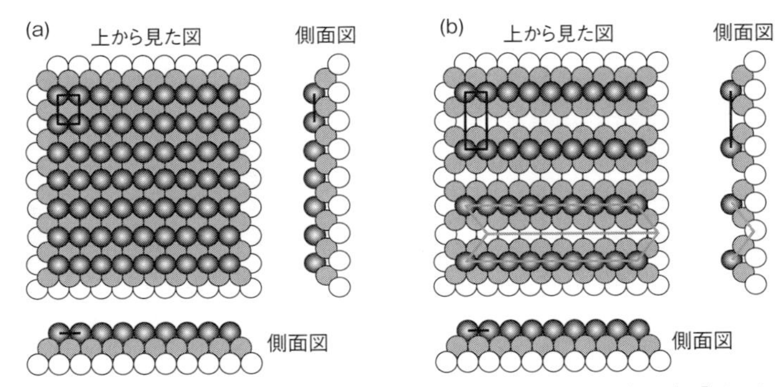


図 2.12　fcc 結晶の（1 1 0）面の表面再配列（岩澤康裕ほか（2010）『ベーシック表面化学』，p.25，化学同人）
(a)（1 1 0)−(1×1)，(b)（1 1 0)−(1×2)．濃い太線はそれぞれの二次元単位格子，うすい太線は表面再配列によって生じた（1 1 1）面を表す．

構造が形成される（図 2.12(b)）[3, 15]．

表面再配列によって，最表面の原子密度は低下するが，図 2.12(b) にうすい太線で示したように，1 列分なくなったことで 3 原子層分だけ新たに（1 1 1）面が生じている．つまり，fcc 結晶の低指数面の中で最表面の原子密度が最も低い（1 1 0）面に，原子密度の最も高い（1 1 1）面が出現したことになる．

表面緩和も表面再配列も，バルクから表面を生じさせたことで増加した表面エネルギーを下げるための変化であるが，表面における周期性と対称性が変化するかどうかが両者の違いである．

## 2.3　金属界面の構造

“界面” とは，混ざり合わない物質相どうしが接触している部分（面）である．“金属界面” には，金属/気体（真空を含む）界面，金属/固体界面，金属/液体界面の３種類が含まれる．以下，これら３つの界面について解説する．

### 2.3.1 金属/気体界面

三次元的に周囲を覆われているバルク中の原子と異なり，真空中や気体（後述の液体も）と接している界面では，金属原子は最安定なエネルギー状態をとろうと，表面緩和や表面再配列が起こり，バルクとは異なる原子配列をとることが多い [13–15,20]．

真空中では，加熱などによって最安定構造である再配列構造が一度できてしまうと容易には元に戻らないが，金属/気体界面で気体分子を吸着させたり，金属/液体界面で電位をかけ（あるいはイオンを吸着させ）たりすることで，(1×1) 構造に戻ることがある（“吸着” 現象については，2.4.1 項参照）．

たとえば Au(1 1 1) 面は，不活性ガス中（あるいは真空中）で加熱すると，バルクの 23 個の金原子配列上に最表面では 24 個の金原子がおさまろうとして，上方および二次元基本格子の 30° 回転した方向（$\sqrt{3}$ 方向という）にずれ，上方から見ても横方向から見ても波打つような長周期配列をとる（図 2.13）．この配列の二次元基本格子は，バルクの基本単位の倍数で表すと ($\sqrt{3}\times 23$) となり，上述したようにこの表面は Au(1 1 1)-($\sqrt{3}\times 23$) と表記される．後述する金属/液体界面でもこのような表面再配列構造をとることがある．

金属/気体界面では，金属表面に接した気体分子は表面金属原子との相互作用によって吸着するが，表面との化学的相互作用に基づいて吸着（化学吸着）した気体分子は，配列構造をとることが多く，またその配列した吸着気体分子が後述の不均一触媒反応の基質となったり，触媒反応を促進/阻害したりするため，この界面構造

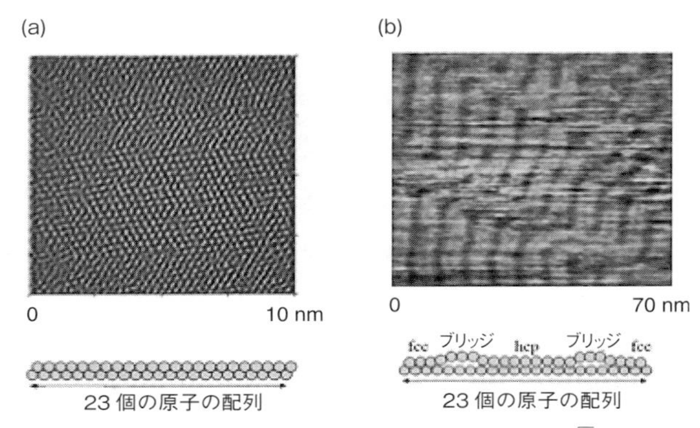


図2.13　(a) Au(1 1 1)-(1×1) 構造と (b) Au(1 1 1)-($\sqrt{3}$×23) 構造
(Uosaki, K. (2015) *Jpn. J. Appl. Phys.* **54**, 030102-2)
上段はSTM像，下段は断面の模式図．(口絵3参照)

を明らかにすることは，吸着現象や不均一触媒反応を理解するうえで重要である．

第3章で述べるように，真空中の表面分析法の発展により，金属/気体（真空を含む）界面の構造解析は3種類の金属界面のなかで最も進んでおり，再配列構造や後述の吸着分子の配列構造など，多くの界面構造が明らかになっている．

### 2.3.2　金属/固体界面

#### (1)　金属/金属界面

下地金属の表面原子配列にそって成長した異種金属相をエピタキシャル相といい，異種金属が下地金属によらずそのバルクと同じ原子配列で成長した場合を，界面でそれぞれの格子定数が異なることから格子不整合という．界面がエピタキシャルか格子不整合かで電子伝導性などの特性にかかわってくるため，この界面の電子構造および幾何構造を明らかにすることは重要であるが，異種金属相が薄膜でないかぎり界面の幾何構造を原子レベルで解析できる手法はほとんどなく，計算に頼っているのが実情である．

金属/金属界面の電子構造は次のように考えられる．異なる仕事関数（電荷をもたない金属から無限遠の真空に電子を取り出すときに必要な仕事＝無限遠における真空準位（$E^v$）とフェルミ準位（$E_F$）との差）をもつ金属X（仕事関数：$\Phi_X$）と金属Y（仕事関数：$\Phi_Y$）を接触（接合）させると，両者のフェルミ準位が等しくなるように仕事関数が小さい金属から大きな金属へ電子の移動が起こる [2,4,5]．図2.14(b) は $\Phi_X > \Phi_Y$ の場合を示しているが，金属Yから金属Xに電子が移動するため，Xは負に，Yは正に帯電し，界面に電位差（$\Delta E = (\Phi_X - \Phi_Y)/e$）が生じる．この電位差 $\Delta E$ を接触電位（差）（contact potential（difference））という．金属の場合は電荷密度が高いため，この電位変化は界面の数原子層で起こる．両者の間に外部から電圧を印加すれば，負電位をかけた金属から正

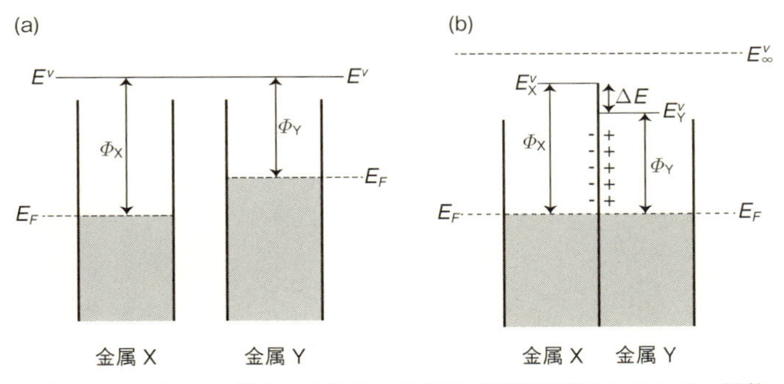


図2.14　$\Phi_X > \Phi_Y$ の場合の金属Xと金属Yの接触前後のエネルギー準位
(a) 接触前，(b) 接触後．

電位をかけた金属へ電流が流れる．正負を替えた場合には，逆向きに電流が流れる．

### (2) 金属/半導体界面

上記のように金属と金属を接合させた場合には印加電位の方向に対応して対称的に電流が流れるオーミック接合（Ohmic contact）となるが，金属と半導体を接触させた場合には，両者の仕事関数の大きさによって，オーミック接合となったり，どちらか一方の向きにしか電流が流れない，つまり整流作用を示すショットキー接合（Shottoky contact）となったりする [2,4,5]．仕事関数 $\Phi_M$ をもつ金属と仕事関数 $\Phi_S$ をもつ n 型半導体が接触したときを考える．金属の仕事関数のほうが大きい場合（$\Phi_M > \Phi_S$）（図 2.15(a)），接触後には上記と同様フェルミ準位が等しくなるよう，半導体から金属へ電子移動が起こり，半導体が正に，金属が負に帯電し，金属/金属界面の場合と同様電位差が生じる．半導体の電荷は不純物（この場合はドナー）のイオン化の程度と伝導帯の電子密度により決まるが，不純物自身は半導体の中を動くことはできず，また不純物の量は金属中のキャリアの量に比べて圧倒的に小さいので，金属側の負電荷に見合う半導体の正電荷は半導体のかなりの深さにわたって存在することになり，これに伴って電位差も半導体内部に広がる，つまり半導体内部でバンドの曲がりが生じる（図 2.15(b)）．バンドが曲がっている部分を空乏層（depletion layer）とよび，空乏層の厚みは不純物濃度（ドープ密度）に依存する．金属側から半導体を見た場合，$\Phi_B$ のエネルギー障壁ができている．この障壁をショットキー障壁（Shottoky barrier）といい，次式で表される．

$$\Phi_B = \Phi_M - \Phi_x \tag{2.2}$$

ここで，$\Phi_x$ は半導体の電子親和力である．一方，半導体側から金属を見ると，半導体のバンドが金属の表面まで反り上がっているが，この部分の高さ $\Phi_b$ は内蔵電位とよばれ，次のように表される．

$$\Phi_b = \Phi_M - \Phi_S \tag{2.3}$$

このとき，平衡状態（図 2.15(b)）から半導体を金属に対して負にバイアス（順バイアス）していくと障壁は小さくなり，半導体の伝

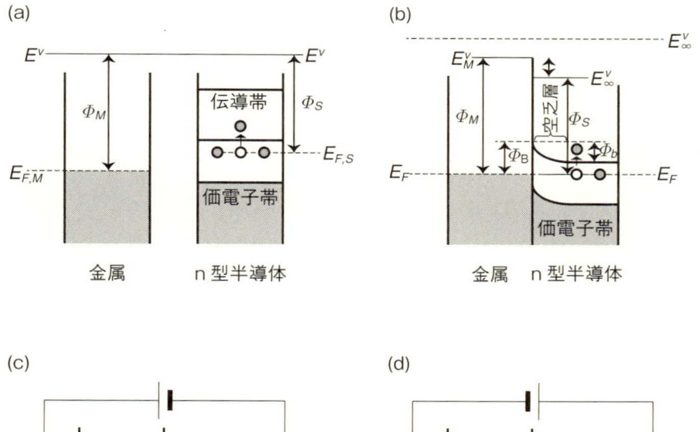


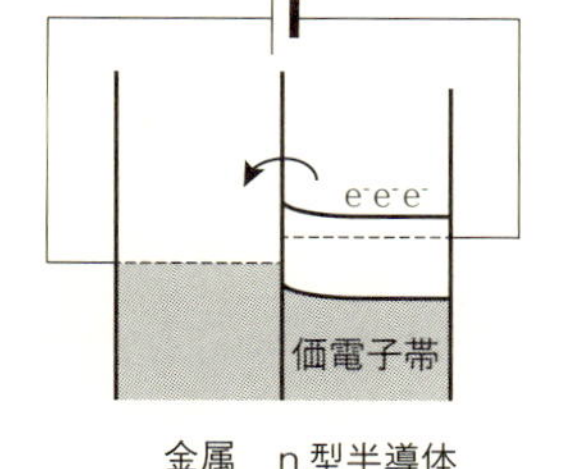

図 2.15　$\Phi_M > \Phi_S$ の場合の金属と n 型半導体のエネルギー準位
(a) 接触前および (b) 接触後のエネルギー準位. (c) 順バイアスおよび (d) 逆バイアス時の金属/n 型半導体界面.

導帯から金属の空いた準位へ電子が容易に移動する（図2.15(c)）．これに対して，平衡状態から半導体を金属に対して正にバイアス（逆バイアス）していった場合，金属の満ちた準位にある電子はショットキー障壁のためにトンネル効果によってのみ金属から半導体への移行が可能であり大きな電流は流れない（図2.15(d)）．つまり，電流–電位関係に整流作用がみられる．

金属の仕事関数$\Phi_M$がn型半導体のそれ$\Phi_S$よりも小さい場合（$\Phi_M < \Phi_S$）には，接触時にフェルミ準位が等しくなるよう金属から半導体へ電子の移動が起こり，金属が正に，半導体が負に帯電する．この場合は，界面に障壁は存在せず，半導体が金属に対して正，負のいずれにバイアスされても多数キャリアである電子は界面を自由に移動し，オーム（Ohm）の法則に従う電流–電位曲線が得られる（オーミック接合）．

p型半導体の場合はn型半導体とは逆に，$\Phi_M < \Phi_S$のときにショットキー接合，$\Phi_M < \Phi_S$のときにオーミック接合となる．

### 2.3.3　金属/液体界面

金属と液体とが接する界面の構造は，電解質（溶液中で電離する溶質）を含む溶液（電解質溶液）の場合，前節の金属/気体界面に比べより複雑である．

$$\mathrm{Ox} + \mathrm{e}^- \rightleftarrows \mathrm{Red} \tag{2.4}$$

という酸化還元系を含む溶液との接触を例に考えてみよう（図2.16）．

溶液中には自由電子は存在しないため，金属で考えたフェルミ準位の概念はそのままは適用できない．しかし，一般に2つの相を接触させて電子平衡が成立したときに満足されるべき条件は，両相

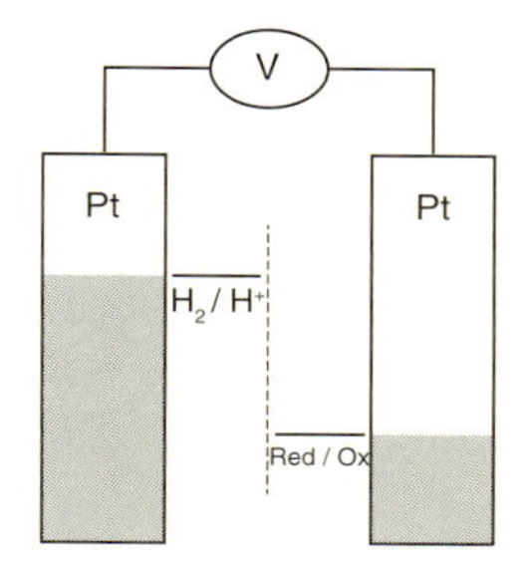


図 2.16 Red / Ox の酸化還元対を含む溶液中に白金電極を浸し，水素電極と電位差計でつないだ模式図

における電子の電気化学ポテンシャルが等しいということであり，この場合も金属のそれを $\mu_{e,M}$，溶液のそれを $\mu_{e,S}$ とすると，

$$\mu_{e,M} = \mu_{e,S} \tag{2.5}$$

が満足されればよいということになる．$\mu_{e,M}$ は金属のフェルミ準位を与え，一方 $\mu_{e,S}$ は無限遠の真空に静止している電子を溶液中に移すのに必要なエネルギー（真空基準の電子のエネルギー準位）を与え，含まれる酸化還元系によって決まる．溶液系の電子のエネルギー準位を真空基準で決定することはできず，任意の基準（参照）電極に対する電位（酸化還元電位）として与えられる．図 2.16 の右側に示すように，金属（図では白金）を，酸化還元種（Ox/Red）を含む溶液と接触させると，フェルミ準位と酸化還元電位が等しくなるまで，(2.4) 式で表される反応が左右どちらかに進み（フェルミ準位が上下し），平衡が成立する．参照電極としては通常，

$$2\,H^+ + 2\,e^- \rightleftarrows H_2 \tag{2.6}$$

で示される水素電極で，$H^+$ の活量が 1，$H_2$ の圧力が 1 atm である

標準水素電極（normal hydrogen electrode；NHE）が用いられる．図2.16の左に示すように，電極（この場合は白金）を$H^+/H_2$を含む溶液と接触させると，フェルミ準位は$H^+/H_2$の酸化還元電位と等しくなる．両電極を電位差計（仮想的には抵抗が∞であり，反応は進行しない）でつなぐと，一定の電位差が観測される．左の電極に対して右の電極の電位は，

$$\mathrm{Ox} + \frac{1}{2}\mathrm{H_2} \longrightarrow \mathrm{Red} + \mathrm{H^+} \tag{2.7}$$

で表される（電池）反応の起電力（$E$）であり，自由エネルギー（$\Delta G$）と

$$\Delta G = -nFE \tag{2.8}$$

で関係づけられる．ここで，$n$は電子数，$F$はファラデー（Faraday）定数であり，OxとRedの活量が1の場合，$E$は標準起電力となる．この値はおのおのの電極の電位（単極電位）の差で決まるが，単極電位を測定することはできない．そのため，標準水素電極の酸化還元電位を0とし，測定された(2.7)式の電池反応の標準起電力をOx/Redの標準酸化還元電位（標準水素電極基準）（$E^\circ$）と定義する．酸化還元電位の絶対値は当然参照電極によって変化し，実際の電気化学測定では，参照電極としてより使いやすい銀/塩化銀電極などが使われることが多いので，注意が必要である．なお，真空基準で酸化還元電位（絶対電位）を決めようとする試みがいくつかのアプローチでなされており，標準水素電極の絶対電位は4.4〜4.8 eVであるとされている［5,21］．

接触によって，金属のフェルミ準位と溶液の酸化還元電位（フェルミ準位と同様の意味をもつ）が等しくなるよう界面で電子移動が起こる結果，上述の金属/金属界面，金属/半導体界面の場合と同

様，界面に電位差が生じ，電気（化学）二重層が形成される．金属の電荷密度が，溶液のそれに比べてはるかに大きいため，電位降下は溶液側で起こる．電気二重層の構造に対しこれまでに多くのモデルが提案されている．初期には平板コンデンサと同様のHelmholtzモデルが，その後溶液中のイオンや電気双極子の配列および拡散層までを考慮したGouy-Chapmanモデル，Gouy-Chapmanモデルに水和イオンの体積まで考慮に入れたSternモデル，さらにSternモデルにイオンの特異吸着も考慮したGrahameモデルなどが提案さ

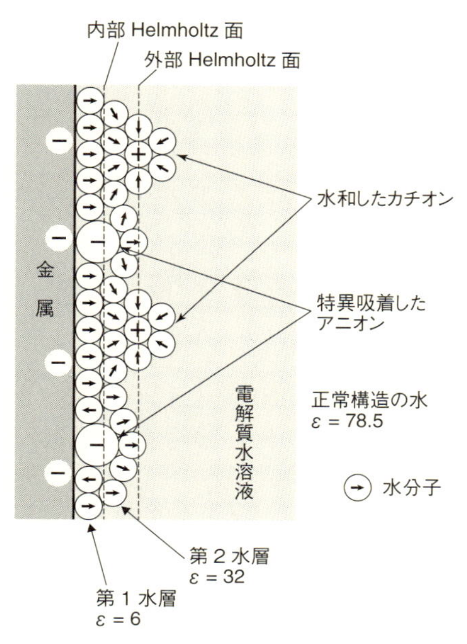


図 2.17　電気二重層の Devanathan-Bockris-Müller（DBM）モデル（喜多英明，魚崎浩平（1983）『電気化学の基礎』，p.143，技報堂出版）
水分子中の矢印は双極子の向きを表す．

れてきたが，今日ではGrahameモデルを発展させて電気二重層内の構造に水の寄与を取り入れたDevanathan-Bockris-Müller（DBM）モデルが受け入れられている（図2.17）[4,5,21–24].

上述した表面再配列は，金属/液体界面でも起こる．Au(1 1 1)面の場合，金属/気体（真空）界面では加熱することでAu(1 1 1)-(1×1) 構造からAu(111)-($\sqrt{3}$×23) 再配列構造へ転移するが，冷却してもその逆（緩和）は起こらないのに対し，電解質溶液中（金属/液体界面）では印加する電位によって可逆に再配列と緩和が起こる．

金属/液体界面は，次節で述べる電気化学反応の反応場であり，電極（金属）に印加する電位によってさまざまな反応が起こる．そのため，電極/溶液界面あるいは電気化学界面ともよばれ，次節で解説する吸着や腐食，結晶成長，光触媒，電池といったさまざまな電子移動を含む重要な過程が起こる．

## 2.4　金属界面で起こる代表的な現象

金属と他の物質相との界面は，上述したように電子状態や原子配列がバルクとは異なっていることが多いうえ，以下に述べる吸着や不均一触媒反応，電気化学反応，腐食など，基礎科学的に重要なだけでなく，われわれの日常生活のなかなど応用的，および工業製品など産業的な面においても，非常に重要な素反応が起こる“反応場”としての役割が大きい．その特異な“反応場”で起こる種々の素反応を原子や分子のレベルで解明することが，日々の生活を高め，また高度な産業製品を生み出す元となることは言うまでもない．以下，金属界面で起こるさまざまな現象について概説する．

### 2.4.1 吸　着

表面や界面で，物質の濃度が相の内部と異なる現象を“吸着(adsorption)”という [25]．吸着した物質は“吸着種”とよばれるが，非常に弱いファンデルワールス（van der Waals）力で表面に束縛されている場合を物理吸着（physical adsorption，またはphysisorption）といい，この場合の結合エネルギー（吸着熱）は通常 40 kJ mol$^{-1}$ 以下と小さい．金属/気体界面における希ガスの吸着は典型的な物理吸着の例である．固体表面での吸着種の構造は，吸着種–表面間の相互作用と吸着種間の相互作用の両方によって決まるが，物理吸着の場合は前者より後者のほうが大きく，物理吸着によってできる吸着層は単層で留まらず，多層膜が形成する場合が多い．

化学結合により吸着種と表面が互いに強く束縛されている場合を化学吸着（chemical adsorption，または chemisorption）という．この場合，吸着種–表面間に存在する強い化学結合は吸着種どうしには存在しないことが多く，そのため化学吸着では多層膜はほとんど形成されない．

化学吸着は吸着種–表面間の化学結合によってひき起こされるため，吸着が表面の特定の位置（吸着サイト）で起こる．図 2.18 に一酸化炭素分子が fcc 構造をもつ結晶の（1 0 0）表面に化学吸着したときの典型的な吸着サイトを示す [14]．

下地金属原子の真上にあるのがアトップサイト（図 2.18(a)），2 つの表面原子間にまたがっているのがブリッジサイト（図 2.18(b)），3 つ以上の表面原子（この場合は 4 つの原子）に囲まれ，その中心の位置にあるのがホローサイト（図 2.18(c)）である．

化学吸着熱は通常の化学反応熱とは異なり，吸着種間の相互作用にも影響されるため 1 つの値で示すことはできない．たとえば，パラジウムの単結晶表面に一酸化炭素が吸着する場合の吸着熱は，吸着した一酸化炭素分子間の相互作用が表面分子構造や分子間距離などによって変化するため，被覆率に依存して大きく変化する（図2.19）[13,26]．また，吸着量によって金属表面の電子状態や吸着

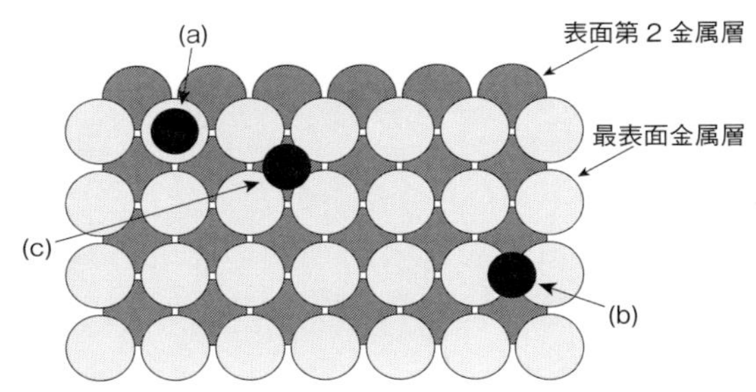


図2.18　一酸化炭素が fcc 結晶の（1 0 0）面に化学吸着するときの典型的な吸着サイト（Watson, P. R., *et al*.（1995）"Atlas of Surface Structures", Vol. 1B, p.65, American Institute of Physics）
（a）アトップサイト，（b）ブリッジサイト，（c）ホローサイト．

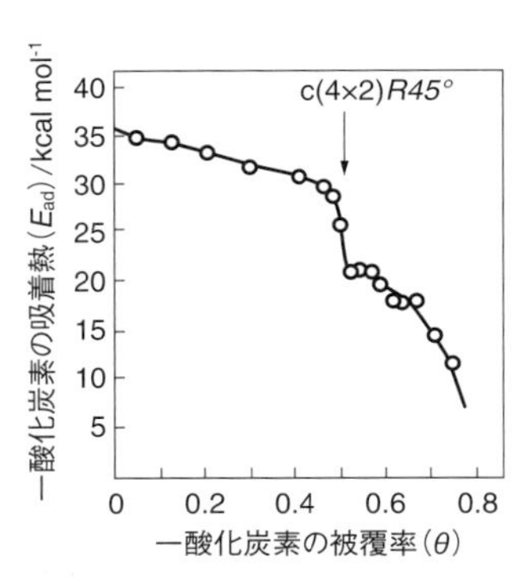


図2.19　一酸化炭素分子の Pd（1 1 1）面上の被覆率と吸着熱との関係（Somorjai, G. A.（1994）"Introduction to Surface Chemistry and Catalysis", p.320, John Wiley & Sons）

サイト，および吸着種間の相互作用が影響されるため，同じ分子の吸着でも金属の種類によって，また同じ金属でも表面の面方位によって，吸着熱は大きく異なる．例として種々の遷移金属単結晶の低指数表面への一酸化炭素分子の吸着熱を図 2.20 に示す［27］．

金属表面に分子が化学吸着した場合，吸着分子の構造は気相における分子構造を維持しておらず，変形したり解離することもある．さらには，吸着に伴い下地金属表面の再配列が起こることもある（adsorbate-induced reconstruction）．図 2.21 は炭素原子の化学吸着

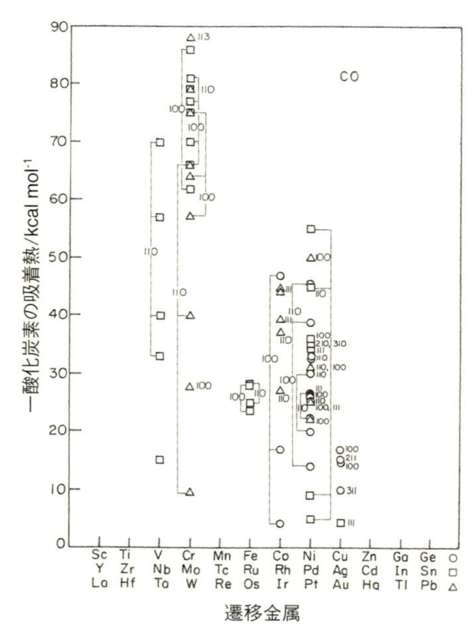


図 2.20 遷移金属単結晶の低指数表面への一酸化炭素の吸着熱（Toyoshima, I., Somorjai, G. A.（1979）*Catal. Rev. Sci. Eng.* **19**, 140）

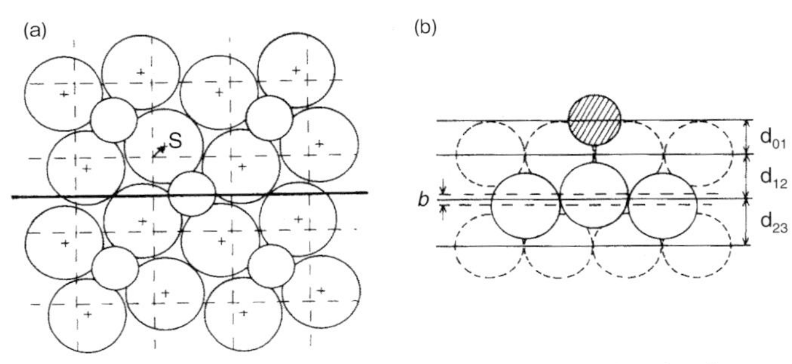


図 2.21　炭素原子の化学吸着による Ni(1 0 0) 表面の再配列モデル (Gauthier, Y. *et al*. (1991) *Surf. Sci*., **251/252**, 494)
(a) 上面から見た図, (b) 断面図.

によって下地の Ni(1 0 0) 面の原子が図 2.21(a) 中の矢印 S の方向に回転するように動きその結果，垂直方向の層間距離が図 2.21(b) に示す $b$ だけ伸びた例である [13, 26, 28]．複数の吸着種が存在する場合（共吸着）も多く，とくに気相での表面化学反応や液相での電極反応では，共吸着の影響が無視できない場合が多い．

## 2.4.2　不均一触媒反応

反応の活性化エネルギーが非常に高く，進行が困難な系に対して，活性化エネルギーが低い別の反応経路を提供し，反応系の最終の平衡組成を乱さずに，平衡に近づく速度だけを変化させる物質を触媒というが，気相や液体中で固体表面が触媒としてはたらく不均一触媒反応は多くの工業プロセスで重要な役割を果たしている [29].

この場合，反応の過程で反応種，中間体など，少なくとも 1 種類の化学物質が表面に吸着する過程が含まれており，触媒表面は反応の速度，選択性などに大きな影響を与える．

2種類の反応物が関与する反応において，2種類の反応物が表面に化学吸着したのちに反応し，生成物が脱離するプロセスをLangmuir-Hinshelwood 機構といい，表面に吸着した1種類の反応物質が気相あるいは液相に存在するもう1種類の反応物と反応して生成物を生じるプロセスをEley-Rideal 機構という［3］.

しかし，実際の触媒反応の機構は，はるかに複雑な場合が多く，上記のように単純に2つに分類することはできない．たとえば，窒素と水素からアンモニアを合成する反応は工業的に最も重要な化学プロセスのひとつであるが，実用触媒として使われている酸化鉄（実際には酸化鉄を水素還元したものが用いられている）について，その反応機構の詳細はわかっていなかった．Ertl らは，触媒表面における反応機構を，原子・分子レベルで明らかにすることを目的に金属単結晶を用いて研究を行っている．具体的には，反応種である水素分子および窒素分子の鉄単結晶の低指数表面における解離吸着構造を明らかにするとともに［30–34］，次式で表される素反応を詳細に調べ，図2.22 に示すような反応機構を明らかにした［30］. Ertl はこの研究を含む業績が評価され2007 年にノーベル化学賞を受賞した．それを契機に反応中の触媒反応の設計には表面の複雑な挙動の理解が重要であることが再認識され，（触媒）表面化学という一大研究分野が確立された.

$$H_2 \rightleftarrows 2\,H_{ad} \tag{2.9}$$

$$N_2 \rightleftarrows N_{2,ad} \rightleftarrows 2\,N_{ad} \tag{2.10}$$

$$N_{ad} + H_{ad} \rightleftarrows NH_{ad} \tag{2.11}$$

$$NH_{ad} + H_{ad} \rightleftarrows NH_{2,ad} \tag{2.12}$$

$$NH_{2,ad} + H_{ad} \rightleftarrows NH_{3,ad} \rightleftarrows NH_3 \tag{2.13}$$

(2.9)～(2.13) 式中の添字 “ad” は，鉄触媒表面に吸着（adsorp-

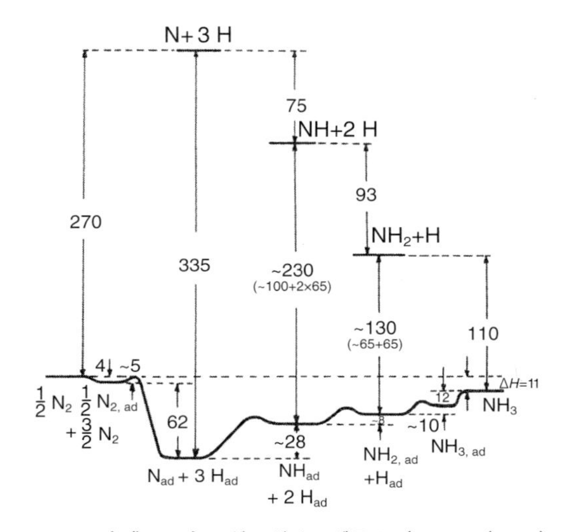


図2.22　アンモニア合成のエネルギーダイアグラム（Ertl, G.（1980）*Catal. Rev. Sci. Eng.,* **21**, 219）
図中のエネルギー値の単位は kcal mol$^{-1}$.

tion）していることを表す.

### 2.4.3　電気化学反応

金属（半導体）/電解質溶液界面で起こる電子移動を含む反応を電気化学反応といい，金属（半導体）側を電極という [4,5,22–24]．電池や燃料電池などのエネルギー変換プロセス，めっきなどの表面処理，さらに腐食や防食など，現代の経済的活動における電気化学反応の重要性は計り知れないほど大きい.

すでに，2.3.3 項において電気化学の熱力学について説明したが，ここでは電気化学反応について考える．図 2.23 は $Zn^{2+}/Zn$ と $Cu^{2+}/Cu$ の 2 つの電極で構成されるガルバニ（Galvani）電池であ

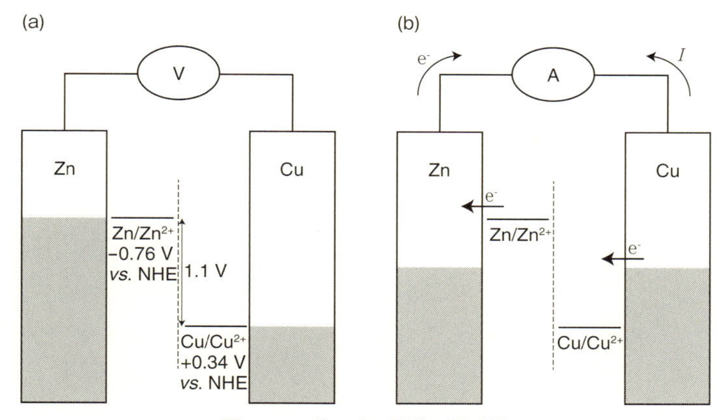


図 2.23　ガルバニ電池の模式図
(a) 両極間に電位差計をつなぎ起電力を測定するとき，(b) 両極間に電流計をつなぎ電流を測定するとき.

る．電池反応は，

$$Zn + Cu^{2+} \longrightarrow Zn^{2+} + Cu \tag{2.14}$$

で，また各極の反応は，

$$Zn^{2+} + 2\,e^- \longrightarrow Zn \tag{2.15}$$

$$Cu^{2+} + 2\,e^- \longrightarrow Cu \tag{2.16}$$

で与えられる．おのおのの標準酸化還元電位は，$E_{Zn/Zn^{2+}}{}^{\circ} = -0.76$ V および $E_{Cu/Cu^{2+}}{}^{\circ} = +0.34$ V であり，標準状態（$Zn^{2+}$，$Cu^{2+}$ の濃度がともに 1 mol $L^{-1}$，正確には活量が 1）にある両極を電位差計でつなぐと（図 2.23(a)），反応式（2.14）の自由エネルギー変化に対応した 1.1(=0.34−(−0.76))V の起電力が観測される．電池の起電力は反応種の活量に依存し，この場合 $Cu^{2+}$ と $Zn^{2+}$ の活量，$a_{Cu^{2+}}$

および$a_{Zn^{2+}}$と次のような関係にある．

$$E = E^\circ + \frac{RT}{nF} \ln \frac{a_{Cu^{2+}}}{a_{Zn^{2+}}} \tag{2.17}$$

この（2.17）式をネルンスト（Nernst）の式という［4,22–24］．

ここで，電位差計（抵抗∞）を電流計（抵抗0）につなぎ替えると，短絡状態となる（図2.23(b)）．つまり，両電極のフェルミ準位は等しくなり，亜鉛電極では$Zn^{2+}$の溶出（酸化）が，銅電極では$Cu^{2+}$の還元が起こる．電子は亜鉛電極から銅電極に外部回路を介して移動する，つまり外部回路では銅電極から亜鉛電極に向けて電流が流れ，正味の反応として（2.14）式が起こる．両電極を適当な負荷（モーターなど）でつなぐと，電位差（$V$）を保ちながら電流（$I$）が流れ，仕事（$W=I\cdot V$）が行われる．

さて，特定の電極反応については電位（平衡電位＝酸化還元電位からのずれ）と電流密度（単位面積あたりの電流）の関係は固有のものであり，電流が流れている場合のフェルミ準位の位置（平衡時からのずれ）は両極での反応速度に依存して決まり，その位置は図2.23に示したような二極系の測定では決定できない．実際の実験では図2.24に示すように，測定対象である仕事極（working electrode；WE，作用極ともいう），参照電極（reference electrode；RE），対極（counter electrode；CE）からなる三極系を用い，WEの電位をREに対して制御し，その条件下でCEとの間に流れる電流を測定する．REとWEの間の抵抗は非常に大きくREには電流は流れず，その電位は一定に保たれる．CEではWEと同じだけの電流（符号は逆）が流れる必要があり，それを実現するために，WE–CE間にバイアスがポテンショスタットによって印加される．このとき，ポテンショスタットはCEで起こる電極反応や電流–電位関係によらず，指定されたRE–WE間の電位を実現するのに必要

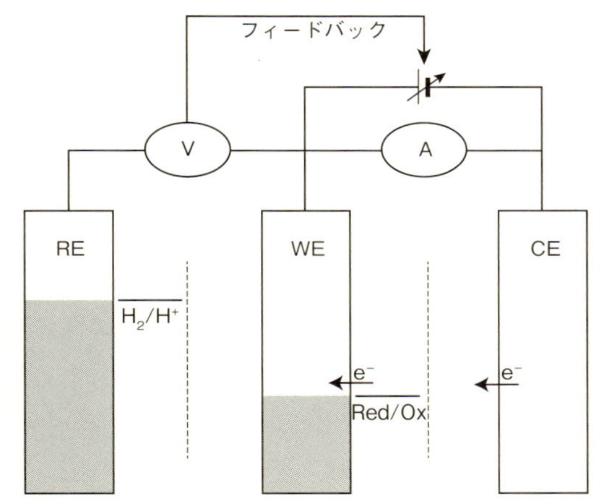


図 2.24　三極系をポテンショスタットにつなぎ電位を印加したときの模式図

なバイアスをフィードバック回路によって，WE-CE 間にかけることができる．

$$\mathrm{Ox} + n\,\mathrm{e}^- \rightleftarrows \mathrm{Red} \tag{2.18}$$

のような酸化還元種が存在する溶液中での電極反応を考える．

ここでは物質移動が速く，電極反応が律速となる場合を取り扱う．特定の電位での酸化反応の速度 $v_{\mathrm{Ox}}$ は，電極近傍に存在する物質 Ox の濃度 $C_{\mathrm{Ox}}$（電極表面濃度）と電位に依存した速度定数 $k_{\mathrm{Ox}}$ を用いて，

$$v_{\mathrm{Ox}} = k_{\mathrm{Ox}} C_{\mathrm{Ox}} \tag{2.19}$$

で与えられる．同様に還元反応の速度 $v_{\mathrm{Red}}$ は，Red の電極表面濃度 $C_{\mathrm{Red}}$ と速度定数 $k_{\mathrm{Red}}$ より

$$v_{\mathrm{Red}} = k_{\mathrm{Red}} C_{\mathrm{Red}} \tag{2.20}$$

となる．反応速度 $v$ と電流 $I$ の関係は，

$$I = -nFAv \tag{2.21}$$

である．ここで，$n$ は Ox あるいは Red の価数，$A$ は電極面積である．(2.18) 式の電極反応が右方向に進むと還元反応が進行して電極には負の電流 $I_{\mathrm{c}}$ が流れ，逆に左方向に進むと酸化反応が進行し，電極には正の電流 $I_{\mathrm{a}}$ が流れる．(2.21) 式に (2.19), (2.20) 式をあてはめると，

$$I_{\mathrm{c}} = nFAv_{\mathrm{Ox}} \tag{2.22}$$

$$I_{\mathrm{a}} = nFAv_{\mathrm{Red}} \tag{2.23}$$

となり，正味の電流 $I$ は両者の差であり，

$$\begin{aligned} I &= I_{\mathrm{a}} - I_{\mathrm{c}} = nFA(v_{\mathrm{Red}} - v_{\mathrm{Ox}}) \\ &= nFA(k_{\mathrm{Red}} C_{\mathrm{Red}} - k_{\mathrm{Ox}} C_{\mathrm{Ox}}) \end{aligned} \tag{2.24}$$

となる．単位面積あたりの電流密度 $j$ は，

$$j = nF(k_{\mathrm{Red}} C_{\mathrm{Red}} - k_{\mathrm{Ox}} C_{\mathrm{Ox}}) \tag{2.25}$$

で与えられる．平衡電位 $E_{\mathrm{eq}}$ では，正味の電流は流れず，

$$j = nF(k_{\mathrm{Red}} C_{\mathrm{Red}} - k_{\mathrm{Ox}} C_{\mathrm{Ox}}) = 0 \tag{2.26}$$

つまり，$I_{\mathrm{a}}=I_{\mathrm{c}}$ となる．この値は平衡時における電子のやりとりの大きさを表しており，交換電流密度 $j_0$ とよぶ．$C_{\mathrm{Red}}=C_{\mathrm{Ox}}=C$ とすると，$k_{\mathrm{Red}}=k_{\mathrm{Ox}}=k_{\mathrm{eq}}$，$j_0=nFk_{\mathrm{eq}}C$ となる．このときの反応の活性化エネルギーを $\Delta G_{\mathrm{eq}}{}^{\ddagger}$ とすると，

$$j_0 = nFCk_{eq} \exp\left(-\frac{\Delta G_{eq}^{\ddagger}}{RT}\right) \tag{2.27}$$

と書ける．ここで，$R$ は気体定数，$T$ は温度である．電位を $E_{eq}$ から，より正の電位である $E$ に変化させると，酸化反応と還元反応に対する活性化エネルギーがおのおの $\alpha(E-E_{eq})nF$ 減少，$(1-\alpha)(E-E_{eq})nF$ 増加し，酸化電流 $I_a$ が増加し，還元電流 $I_c$ が減少する．$\alpha$ は移動係数とよばれ，電位変化がどの程度反応の活性化エネルギーに影響を与えるかを表す電極反応の速度論的パラメータのひとつである．ここで，平衡電位との差である $\eta(=E-E_{eq})$ を用いると，

$$\begin{aligned} I &= I_a - I_c = nFAC(k_{Red} - k_{Ox}) \\ &= nFACk_{eq}\left\{\exp\left[-\left(\Delta G_{eq}^{\ddagger} - \frac{\alpha\eta nF}{RT}\right)\right]\right. \\ &\qquad \left. -\exp\left[-\Delta G_{eq}^{\ddagger} - \left(\frac{(1-\alpha)\eta nF}{RT}\right)\right]\right\} \end{aligned} \tag{2.28}$$

すなわち，

$$j = j_0\left\{\exp\left[\frac{\alpha\eta nF}{RT}\right] - \exp\left[\frac{(1-\alpha)\eta nF}{RT}\right]\right\} \tag{2.29}$$

と書ける．この関係式を Butler–Volmer 式とよぶ．

電極電位 $E$ が平衡電位 $E_{eq}$ より正（フェルミ準位が酸化還元電位より下）のときは $I_a > I_c$（すなわち $I > 0$）の場合にはアノード電流が観測され，負（フェルミ準位が酸化還元電位より上）のときは $I_a < I_c$（すなわち $I < 0$）となり，カソード電流が観測される．$E$ が $E_{eq}$ から十分離れる（過電圧の絶対値が非常に大きくなる）と，その正負に応じて酸化あるいは還元方向の一方向の電流密度は十分小さくなり，図 2.25 に示すように $j$ は酸化電流密度 $j_a$ または還元電流密度 $j_c$ で近似できる．たとえば，正の過電圧が非常に大きい場合は，(2.29)

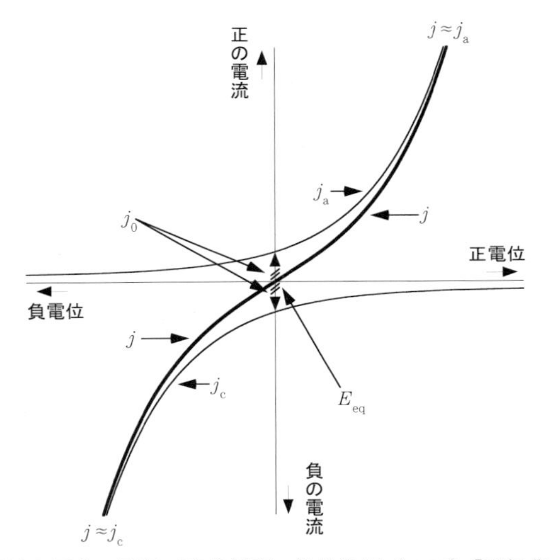


図2.25　電流と電位の関係（喜多英明，魚崎浩平（1983）『電気化学の基礎』，p.157，技報堂出版）

式の第2項が無視でき，$j=j_a$ と近似でき，$j=j_0[\exp(\alpha\eta nF/RT)]$ となる．さらに，$\ln j=\alpha\eta nF/RT+\ln j_0$ と変形され，電流密度の対数と過電圧が直線関係になるという，実験的にみられるターフェル（Tafel）の関係式が導出される．この直線を平衡電位に外挿することによって交換電流密度 $j_0$ を実験的に決定できる．同様に負の過電圧が非常に大きい場合は，(2.29) 式の第1項が無視でき，$j=j_c$ と近似され，カソード電流密度の絶対値の対数をとることによって，アノード電流の場合と同様の取扱いができる．

### 2.4.4　腐　食

金属がおかれた環境下で化学反応を起こし，溶けたり，さびたりすることを腐食という［4, 35］．金属の腐食を熱力学的に考える場合，電位–pH 図を利用すると便利である．この電位–pH 図は，金属，金属イオン，金属酸化物，金属水酸化物などが安定に存在する領域を電極電位と pH の二次元座標上に図示したものであり，Pourbaix が総括的にまとめたことから Pourbaix 図ともよばれている［36］．ここでは例として図 2.26 に Fe–$H_2O$ 系の電位–pH 図を示す．

図 2.26 で，境界線ⓐ，ⓑ，ⓒ，ⓓ，ⓔはそれぞれ以下の反応を表している［4］．

$$ⓐ：Fe^{2+} + 2\,e^- \rightleftarrows Fe \qquad E^\circ = -0.44\ V \tag{2.30}$$

$$ⓑ：Fe^{2+} + 2\,OH^- \rightleftarrows Fe(OH)_2 \tag{2.31}$$

$$ⓒ：Fe_2O_3 + 6\,H^+ + 2\,e^- \rightleftarrows 2\,Fe^{2+} + 3\,H_2O \qquad E^\circ = 0.73\ V \tag{2.32}$$

$$ⓓ：Fe^{3+} + e^- \rightleftarrows Fe^{2+} \qquad E^\circ = 0.77\ V \tag{2.33}$$

$$ⓔ：Fe_2O_3 + 3\,H_2O \rightleftarrows 2\,Fe^{3+} + 6\,OH^- \tag{2.34}$$

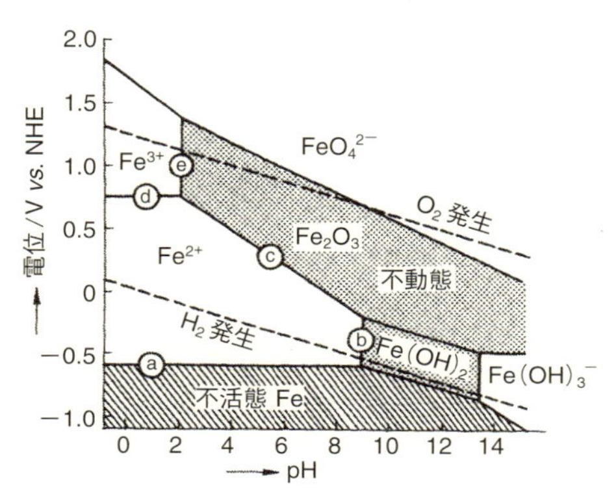


図 2.26　Fe–$H_2O$ 系の電位–pH 図（喜多英明，魚崎浩平（1983）『電気化学の基礎』，p.231，技報堂出版）

鉄が水中で腐食するという，最も一般的な腐食を例に考えよう（図2.27）．鉄が水相と接すると，水相と接している最表面（最外層）の鉄原子（Fe）が鉄イオン（$Fe^{2+}$）となって水中に溶け出す酸化反応（(2.30) 式の左向きの反応）が起こることが考えられる．しかし，(2.30) 式の酸化反応は単独では起こりえず，対応した還元反応が必要である．図2.26の状況で考えられる還元反応としては酸性溶液中では，

$$2\,H^+ + 2\,e^- \longrightarrow H_2 \qquad E^\circ = 0\ V \tag{2.35}$$

が，また，弱酸性溶液中では，

$$2\,H^+ + \frac{1}{2}O_2 + 2\,e^- \longrightarrow H_2O \qquad E^\circ = +1.23\ V \tag{2.36}$$

または，

$$2\,H^+ + O_2 + 2\,e^- \longrightarrow H_2O_2 \qquad E^\circ = +1.77\ V \tag{2.37}$$

が，アルカリ性溶液中では，

$$H_2O + \frac{1}{2}O_2 + 2\,e^- \longrightarrow 2\,OH^- \qquad E^\circ = +0.40\ V \tag{2.38}$$

が考えられる．

酸化反応の$E^\circ$が還元反応のそれより負である場合，両者の組合せが自発的に起こるが，これら4つの還元反応の$E^\circ$の値はどれも (2.30) 式の$E^\circ$よりも正の値をもつことから，どの場合もFeの$Fe^{2+}$への酸化と共役した還元反応が起こりうる．いずれの場合も水素イオン（$H^+$）が消費される，あるいは水酸化物イオン（$OH^-$）が生成するため，反応が進行するにつれて水相の$OH^-$濃度は高くなる．水相のpHが9以上では，水中に溶け出した（酸化された）$Fe^{2+}$と (2.38) 式の右向きの反応で生成した（還元された）

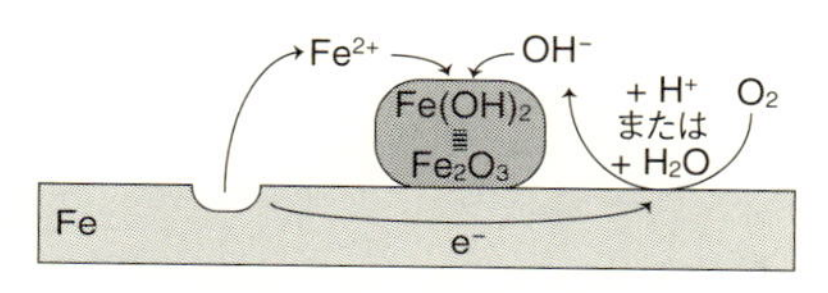


図 2.27　鉄の腐食の模式図

$OH^-$とが結合して水酸化鉄(Ⅱ)（$Fe(OH)_2$）ができる（(2.31）式の右向きの反応）．この反応によって生じる$Fe(OH)_2$は，鉄が腐食する際にできる“さび”であるが，この状態ではまだこのさびは赤くない．この段階で生成した$Fe(OH)_2$は，さらに水中で溶存酸素に酸化されて水酸化鉄(Ⅲ)（$Fe(OH)_3$）となり，さらにこの$Fe(OH)_3$から水分がとれてオキシ水酸化鉄（FeOOH）となる．このFeOOHがいわゆる赤さびであり，水和酸化鉄（$Fe_2O_3 \cdot H_2O$）として表されることもある．水相のpHが2～9程度の場合には，生じた$Fe^{2+}$からさらに酸化反応（(2.32）式の左向きの反応）が進行して$Fe_2O_3$が生じる．このとき，酸化還元電位から共役となる還元反応は（2.36）式，あるいは（2.37）式が考えられる．水相のpHが2以下の場合，水素の還元（水素発生，(2.35）式の右向きの反応）が激しく起こり，水相のpHが徐々に上がってpHが2を超え，$Fe_2O_3$が生じるようになる（(2.32）式の左向きの反応）か，あるいは$Fe^{3+}$まで酸化されてから（(2.33）式の左向きの反応），水素発生によって生じた$OH^-$とが結合して$Fe_2O_3$が生じる（(2.34）式の左向きの反応）．したがって，水相のpHによらず最終的に生成する鉄の酸化物は$Fe_2O_3$，すなわち赤さびであるが，鉄の酸化反応（(2.30）式の左向きの反応）と共役する還元反応（(2.35)～(2.38）式）には$H^+$あるいは$OH^-$が含まれていることからわかるように，pHに依存する（図 2.27）．すなわち，鉄の腐食は浸す水溶液のpHに左右される．

銅（$E^\circ = +0.34$ V，（2.16）式），亜鉛（$E^\circ = -0.76$ V），アルミニウム（$E^\circ = -1.66$ V）なども，それらの酸化電位が（2.35）～（2.38）式で示される反応の値より負の値であることから（水相の pH に依存する），鉄と同様に水と接することで自発的に腐食反応が起こる．

腐食が進行する環境においても，上記の金属表面にできた酸化物や水酸化物の被膜が剥離せず，あるいは溶液に溶けない場合，この膜が一種のバリア層となり腐食が起こらない．このような現象を“不動態化”という．Pourbaix は図 2.26 における $Fe_2O_3$ や $Fe(OH)_2$

**コラム1**

### 鉄鋼表面の“さび”で“さび”の進展を防ぐ

鉄鋼材料は，現在の世界で構造物や輸送機関の製造素材として最も多く使われている．鉄鋼材は添加物制御，熱処理制御により，固さ・柔らかさが制御可能であること，数十 cm から 100 μm までの厚さにわたり，性質を制御しながら製造することが可能であること，などの多くの利点がある．

最近，ペイントなしの裸仕様で鉄鋼材を使う技術が，LCC（life cycle cost）低減のために橋梁で使われてきている．そのための低合金鋼として耐候性鋼（weathering steel）が開発されてきた．鋼に，リン，銅，ニッケル，クロムなどを微量添加した低合金鋼であるが，表面にできる強固なさび層が腐食を止めてくれる．耐候性鋼上の鉄さび生成は，空気中の水蒸気が凝縮した表面水膜層での電気化学腐食反応で始まる．

酸化反応：$Fe \longrightarrow Fe^{2+} + 2\,e^-$

還元反応：$O_2 + 2\,H_2O + 4\,e^- \longrightarrow 4\,OH^-$

の領域を不動態としたが［36］，環境によっては$Fe_2O_3$や$Fe(OH)_2$の膜も溶けたり剥離したり，あるいは亀裂が入ってそこから腐食が進行する場合もあるため，完全な不動態とは言い難い．実用的に最も不動態効果を表しているのはステンレス鋼である．これはステンレスに含まれるクロムの酸化物（$Cr_2O_3$）が水に不溶な強固なバリア層となるからである．とくに，18−8ステンレス鋼（Fe−18 Cr−8 Ni）は，酸素存在下でクロムの薄い水和酸化物（CrOOH）からなる表面酸化膜（不動態被膜という）で覆われており，腐食反応はまったく起こらない．このような不動態現象は，ステンレス鋼のみならず，炭素鋼やクロム，ニッケル，チタンなどの金属でも条件によっ

---

溶解した$Fe^{2+}$は溶存酸素でさらに酸化されて沈殿し，鉄のオキシ水酸化物（FeOOH）が表面に生成する．

$$Fe^{2+}\text{の酸化析出}:4\,Fe^{2+} + O_2 + 6\,H_2O \longrightarrow 4\,FeOOH + 8\,H^+$$

初期のFeOOHは水和されたものであるが，昼間の高温・低湿度，夜間の低温・高湿度を繰り返すと，数年後には焦茶色の強固なさび層となる．厚さは環境によるが，数年で100 μm程度である．一度このような強固なさびができると，鉄鋼表面は非常に不活性となり，その後の鉄鋼材の腐食の速度は無視できるほど小さい．現在，日本ではLCC低減の目的で新設の橋梁の20%以上が無塗装橋梁となっている．読者が山間部をドライブ中に焦茶色の橋梁を見た場合には無塗装・耐候性橋梁であると思っていただいてよいであろう．

なお，FeOOHには構造により，$\alpha$−，$\beta$−，$\gamma$−、ならびに非晶質FeOOHの4つの可能性があり，耐候性鋼上のさびの組成が環境と関連させて議論されてきている．

（北海道大学名誉教授　大塚俊明）

て起こるため，工業的に重宝されている．

## 参考文献

[1] 玉井康勝，富田 彰（1982）『固体化学 I』，朝倉化学講座 16，朝倉書店．
[2] P. A. Cox 著，魚崎浩平ほか訳（1989）『固体の電子構造と化学』，技報堂出版．
[3] 岩澤康裕ほか（2010）『ベーシック表面化学』，化学同人．
[4] 喜多英明，魚崎浩平（1983）『電気化学の基礎』，技報堂出版．
[5] Uosaki, K., Kita, H.（1986）“Modern Aspects of Electrochemistry”, No. 18, Conway, B. E., *et al*. Eds., p.1, Plenum.
[6] 小間 篤ほか（1997）『表面・界面の電子状態』，丸善出版．
[7] 村田好正（2003）『表面物理学』，朝倉書店．
[8] 塚田 捷（1995）『表面における理論 I ―構造と電子状態』，丸善出版．
[9] Posternak, M., *et al*.（1980）*Phys. Rev. B*, **21**, 5601.
[10] Chou, K. C., *et al*.（2004）*Phys. Rev. B*, **69**, 153413.
[11] Blyholder, G.（1964）*J. Phys. Chem*., **68**, 2772.
[12] Kittel, C.（1976）“Introduction to Solid State Physics”, Wiley.
[13] Somorjai, G. A.（1994）“Introduction to Surface Chemistry and Catalysis”, John Wiley & Sons.
[14] Watson, P. R., *et al*.（1995）“Atlas of Surface Structures”, Vol. 1 B, American Institute of Physics.
[15] Masel, R. I.（1996）“Principles of Adsorption and Reaction on Solid Surfaces”, John Wiley & Sons.
[16] Somorjai, G. A.（1981）“Chemistry in Two Dimensions: Surfaces”, Cornell University Press.
[17] 今野豊彦（2001）『物質の対称性と群論』，共立出版．
[18] Yamada, R., Uosaki, K.（1997）*Langmuir*, **13**, 5218.
[19] Yamada, R., Uosaki, K.（1998）*Langmuir*, **14**, 855.
[20] 日本表面科学会 編（2012）『表面物性』，現代表面科学シリーズ 3，共立出版．
[21] Trasatti, S.（1986）*Pure Appl. Chem*., **58**, 955.
[22] 魚崎浩平（2013）応用物理，**82**，106.
[23] Uosaki, K.（2015）*Jpn. J. Appl. Phys*., **54**, 030102.
[24] Bockris, J. O'M., Reddy, A. K. N.（1973）“Modern Electrochemistry: An Introduction to an Interdisciplinary Area”, 1 st ed., Springer.
[25] 日本化学会 編（2005）『標準化学用語辞典』，丸善出版．

[26] Conrad, H., *et al*.（1972）*Surf. Sci*., **43**, 462.
[27] Toyoshima, I., Somorjai, G. A.（1979）*Catal. Rev. Sci. Eng*., **19**, 105.
[28] Gauthier, Y., *et al*.（1991）*Surf. Sci*., **251/252**, 493.
[29] 田丸謙二（1995）『物質の科学・反応と構造』，放送大学教育振興会.
[30] Ertl, G.（2007）"Reactions at Surfaces: from Atoms to Complexity", Nobel Lecture, 116.
[31] Ertl, G.（1980）*Catal. Rev. Sci. Eng*., **21**, 201.
[32] Imbihl, R., *et al*.（1982）*Surf. Sci*., **123**, 129.
[33] Bozso, F., *et al*.（1977）*J. Catal*., **50**, 519.
[34] Bozso, F., *et al*.（1977）*J. Catal*., **49**, 18.
[35] 藤井哲雄（2011）『基礎からわかる金属腐食』，日刊工業新聞社.
[36] Pourbaix, M.（1974）"Atlas of Electrochemical Equilibria in Aqueous Solutions", National Association of Corrosion Engineers.

# 第3章

# 金属界面の計測

## 3.1 金属界面の分析法

金属界面での現象を厳密に理解し，制御するためには，界面の幾何構造，電子構造，分子構造，さらには界面層の質量や厚みなどの情報が不可欠である．このような要請に応じて近年，金属界面を高い空間分解能（原子のレベル）で分析する手法の開発/普及が著しく進展している．その手法は表3.1にまとめたように，使用するプローブ（検出信号），対象，得られる情報，使用できる環境など，多種多様である．

表3.1にあげた分析法のなかで，検出信号（プローブ）が電子および光子であるいくつかの分光法について，その原理を図3.1に模式的に示す．

プローブが電子（線）や軟X線，およびイオンの場合，測定環境は真空下に限られるが，光（X線を含む）をプローブとする手法や走査型プローブ顕微鏡（Scanning Probe Microscopy；SPM）（STM，AFMなど）は気体中や液体中でも使用可能である．このように各手法にはそれぞれ特徴があり，対象，目的に応じて適当な手法を選ぶ必要がある．また多くの場合，数種類の手法を組み合わせることによって金属界面を総合的に評価することが可能となる[1–3]．

表 3.1　代表的な金属界面分析法

| プローブ | 分析法<br>英語表記（略号） | おもに得られる情報 |
|---|---|---|
| 電　子 | X 線光電子分光<br>X-ray Photoelectron Spectroscopy（XPS） | 電子構造 |
| | オージェ電子分光<br>Auger Electron Spectroscopy（AES） | 電子構造 |
| | 紫外線光電子分光<br>Ultraviolet Photoelectron Spectroscopy（UPS） | 電子構造 |
| | 電子エネルギー損失分光<br>Electron Energy Loss Spectroscopy（EELS） | 電子構造 |
| | 高分解能電子エネルギー損失分光<br>HighResolutionElectronEnergyLossSpectroscopy（HREELS） | 吸着分子構造 |
| | 走査型電子顕微鏡<br>Scanning Electron Microscopy（SEM） | 幾何構造 |
| | 透過型電子顕微鏡<br>Transmission Electron Microscopy（TEM） | 幾何構造 |
| | 低速電子線回折<br>Low Energy Electron Diffraction（LEED） | 幾何構造 |
| | 反射高速電子線回折<br>Reflection High Energy Electron Diffraction（RHEED） | 幾何構造 |
| 光　子 | 紫外・可視吸収分光<br>Ultraviolet Visible Absorption Spectroscopy（UV･Vis） | 電子構造 |
| | 二次高調波発生<br>Second Harmonic Generation（SHG） | 電子構造 |
| | 和周波発生<br>Sum Frequency Generation（SFG） | 吸着分子構造 |
| | 逆光電子分光<br>Inverse Photoelectron Spectroscopy（IPES） | 電子構造 |
| | 赤外吸収分光<br>Infrared Absorption Spcetroscopy（IRAS） | 吸着分子構造 |
| | ラマン分光<br>Raman Spectroscopy（RS） | 吸着分子構造 |
| | 表面 X 線散乱<br>Surface X-ray Scattering（SXS）<br>　表面 X 線回折<br>　Surface X-ray Diffraction（SXRD）<br>　Crystal Truncation Rod（CTR） | 幾何構造 |

| プローブ | 分析法<br>英語表記（略号） | おもに得られる情報 |
|---|---|---|
| 光 子（つづき） | X 線吸収分光<br>X-ray Absorption Spectroscopy（XAS） | |
| | X 線吸収端近傍構造<br>X-ray Absorption Near-Edge Structure（XANES） | 電子構造 |
| | 拡張 X 線吸収微細構造<br>Extended X-ray Absorption Fine Structure（EXAFS） | 幾何構造 |
| | 軟 X 線発光分光<br>Soft X-ray Emission Spectroscopy（SXES） | 電子構造，元素分析 |
| | 楕円偏光解析（エリプソメトリー）<br>Ellipsometry（EL） | 薄膜解析 |
| | 表面プラズモン共鳴<br>Surface Plasmon Resonance（SPR） | 薄膜解析 |
| トンネル電流 | 走査型トンネル顕微鏡<br>Scanning Tunneling Microscopy（STM） | 幾何構造 |
| 力 | 原子間力顕微鏡<br>Atomic Force Microscopy（AFM） | 幾何構造 |
| イオン | 二次イオン質量分析<br>Secondary Ion Mass Spectroscopy（SIMS） | 吸着分子構造 |
| | ラザフォード後方散乱分光<br>Rutherford Backscattering Spectroscopy（RBS） | 元素分析 |
| | イオン散乱分光<br>Ion Scattering Spectroscopy（ISS） | 元素分析 |
| 周波数 | 水晶振動子微小てんびん<br>Quartz Crystal Microbalance（QCM） | 質量変化 |

本章では，どの手法がそれぞれ，幾何構造解析，電子構造解析，吸着分子構造解析に用いられているかを述べたのち，代表的な界面分析法についてプローブごとに概説する．

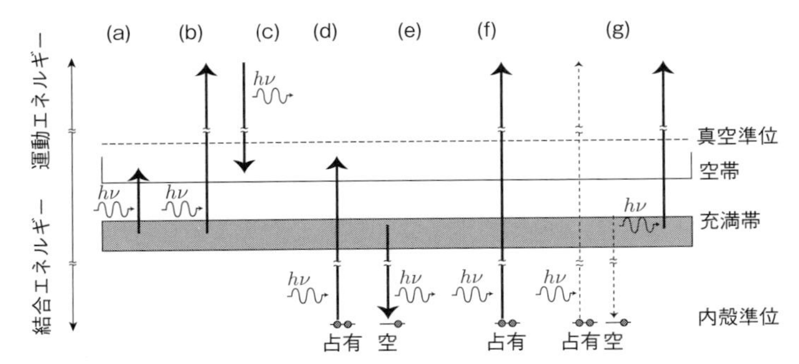


図3.1　代表的な分光法の原理の模式図（P. A. Cox 著，魚崎浩平ほか 訳（1989）『固体の電子構造と化学』，p.26，技報堂出版）
(a) UV·Vis，(b) UPS，(c) IPES，(d) XAS，(e) SXES，(f) XPS，(g) AES．
真空準位より上のエネルギーをもった電子は金属内に入ったり，金属外に飛び出したりできる．(b) と (c) では，縦軸は金属外の真空中で測定される運動エネルギーを示している．

## 3.2　得られる情報

### 3.2.1　金属界面の幾何構造解析

金属界面の幾何構造については，電子顕微鏡（SEM および TEM）の開発によってそれまでの光学顕微鏡では観察することができなかったミクロの世界が開け，表面科学の研究は著しい発展をとげた．また，電子顕微鏡の発達に伴い電子線を扱う技術も進歩したことにより，電子線をプローブとした回折現象も観察できるようになったことから電子線回折法，とくに低速（低エネルギー）の電子線を用いた LEED により，規則的に配列した単結晶金属界面の構造観察も可能になった．これらの真空環境下でのみ観察可能な幾何構造分析法に対し，トンネル電流をプローブとする STM や AFM に代表される，種々の環境下で測定可能な SPM，および放射光（X

線）を利用したSXSやXAFSでは，反応が起こっているその場で，すなわち大気中や溶液中において，しかもnm以下のオーダーという非常に高い空間分解能で金属界面の幾何構造が観察できるようになった．また，形成させた金属薄膜の厚さや質量に関する情報は，EL，SPR，QCMなどで得られる．本章では，SEM（3.3.1(1)項）およびTEM（3.3.1(2)項），LEED（3.3.2項），STM（3.5.1(1)項）およびAFM（3.5.1(2)項），SXS（3.4.5項），XAS（3.4.6項）について後述する．

### 3.2.2　金属界面の電子構造解析

金属界面の電子構造を分析する手法としては，UV･Vis（3.4.1項），非線形分光法であるSHG（3.4.1(1)項），光電子分光であるXPS/UPS，AES（3.3.4項），EELS，SXESなどの分光法のほか，上記のXAS（3.4.6項），さらにはSTMを利用したトンネル分光（Scanning Tunneling Spectroscopy；STS）も重要な電子構造分析法である．本章ではUV･Vis，SHG，XPS（3.3.3項），AESの各分光法について後述する．

### 3.2.3　金属界面に吸着した分子の構造・配向解析

吸着の項（2.4.1項）で述べたように，金属界面はその活性の高さから多くの分子種が吸着する．金属界面に吸着した汚染のもとを分析し汚染を防ぐ指針とするだけでなく，金属界面に機能性分子を積極的に吸着させて新たな機能を付与するという観点からも，金属界面に吸着した分子の構造や配向を分析することは重要である．分子の構造・配向解析法として本章では，分子構造を決定する最も有力な手段であるIRAS（3.4.3項）のほか，RS（3.4.4項），SIMS（3.5.2項），SFG（3.4.1(2)項）およびHREELS（3.3.5項）について後述する．なお，XPSやAES，SHGでも金属界面に吸着した分子の構造や配向を解析でき，分子膜の厚さや質量についてはELやSPR，QCMなどで求められている．

## 3.3　電子をプローブとした金属界面計測

### 3.3.1　電子顕微鏡

#### (1) 走査型電子顕微鏡（SEM）

SEMの構成原理図を図3.2に示す［4,5］．電子線は，電子銃部の陰極（フィラメント）を加熱して発生させた熱電子を，陽極との間に高電圧を印加して加速することによってつくられる．一般に，0.5〜30 kVに加速された電子線は集束レンズと対物レンズの電磁レンズ作用で最終的に1〜100 nm径まで細くしぼられ，試料表面に照射される．しぼった電子線を，走査コイルによって試料表面上の二次元方向に，あらかじめ設定された面積内で走査する．電子線

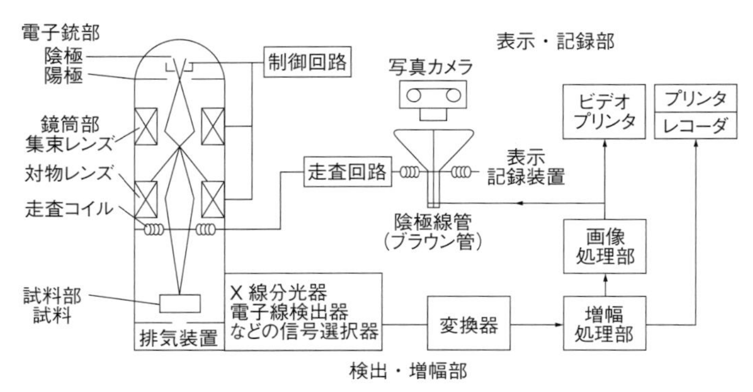


図3.2　SEMの構成原理図（日本分析機器工業会 編（2009）『分析機器の手引き』，第16版，p.65，日本分析機器工業会）

の走査と同期させたブラウン管の画面上に，試料から発生した二次電子，反射電子，透過電子，X 線，内部起電力などの信号（一般的には二次電子が用いられている）を検出し，増幅して輝度変調させた像として表示する．ブラウン管画面上の像は，電子線の走査面積を小さくすることによって拡大される．この画像をカメラで撮影し，パソコンで画像積算処理することで画像の S/N 比を向上させることができる．電子線を走査せずに試料上の 1 点に固定し，試料表面から出てくる二次電子や特性 X 線†のエネルギー分解を行えば，局所的な元素分析や各元素のマッピングも可能となる．金属などの導体のほかに，半導体，高分子材料やセラミックスなどの絶縁物の，粉体や薄膜の観察も可能である．また，熱電子銃の代わりにフィールドエミッション（field emission；FE）電子銃を装備した FE-SEM では，電子線をより小さくしぼることができ，その走査も細かく制御できるため，1.5 nm 以下の高分解能で高画質な結果が得られる．

例として，シリコン単体に炭素と窒素を混ぜて炭化物（SiC）と窒化物（$Si_3N_4$）を同時に析出させたときの大きな粒子の表面の SEM 像を，図 3.3 に示す [6]．図 3.3(a) は反射電子だけを検出した場合である．反射電子は試料の 100 nm 程度まで侵入した電子線が文字どおり反射（実際には後方散乱）してきた電子であり，そのエネルギーは入射電子線とほぼ等しい．反射率が試料を構成する元素によって異なり，原子番号の大きい元素ほど高くなるため，試料中の元素の組成分布を表している．図 3.3(a) の明るく見える部分がシリコンのみ，暗く見えている部分がシリコンの化合物である．

† 特性 X 線をエネルギー分解した分光法を，エネルギー分散型 X 線（Energy Dispersive X-ray；EDX）分光という．

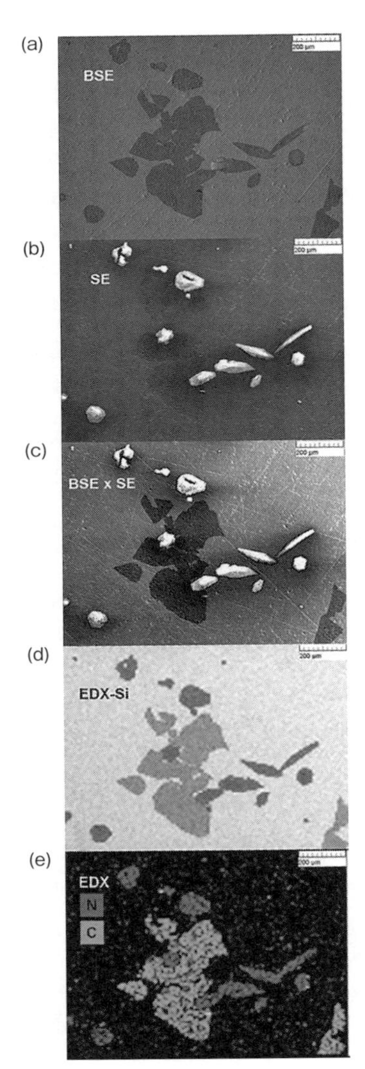


図3.3　シリコン単体からSiCと$Si_3N_4$を同時につくった粒子表面のSEM像（Bakowskie, R., *et al*.（2011）*Phys. Status Solidi C*, **8**, 1382）
(a) 反射電子のみ，(b) 二次電子のみ，(c) 反射電子と二次電子，(d) シリコンからの特性X線を検出した場合．(e) 炭素（明るい部分）と窒素（暗い部分）の特性X線を検出したものの重ね合わせ．

対して入射電子線によって試料中の元素から放出された電子である二次電子は，入射電子線に対してエネルギーが低く，試料表面数nmの幾何構造を反映する．そのため，同じ範囲の二次電子だけを検出した図3.3(b) のSEM像では，析出した微粒子表面に吸着したより小さな粒子の形状がはっきりと見える．反射電子と二次電子を同時に検出した図3.3(c) では，粒子表面の組成の違いと表面に吸着した微粒子の形状の両者が見える．シリコンの特性X線を検出した図3.3(d) では，像全体にわたってシリコンが存在していること，暗く見えている部分は，明るく見えているシリコン単体に比べてシリコンの割合が低いシリコンの化合物からなっていることを表している．実際に，炭素（緑，明るい部分）と窒素（赤，暗い部分）の特性X線を検出した図を重ね合わせた図3.3(e) では，それぞれの化合物が，SiCか$Si_3N_4$かを判別できる．

SEMは光学顕微鏡に比べて，得られる画像の焦点深度が2桁以上深く，かつ2桁以上高い分解能をもつ．おもに用いられる二次電子像は光学顕微鏡よりも3桁以上高倍率であり，しかも立体感のある像が得られるため，像（試料表面の形態）の解釈は直感的に行える．

### (2) 透過型電子顕微鏡（TEM）

図3.4に示すとおり，TEMは光学顕微鏡の可視光の代わりに電子線を，ガラスレンズの代わりに電磁レンズを用いた顕微鏡であり，結像の原理は基本的に光学顕微鏡と同じである [5, 7]．SEMと同様，電子線をプローブとするために，試料は真空中（一般的に$10^{-5}$ Pa以下）に置かなければならない．また，電子線は可視光と比較すると物質との相互作用が著しく大きく，かつX線と比べると物質への侵入深さが小さいため，試料は非常に薄く（厚さを500

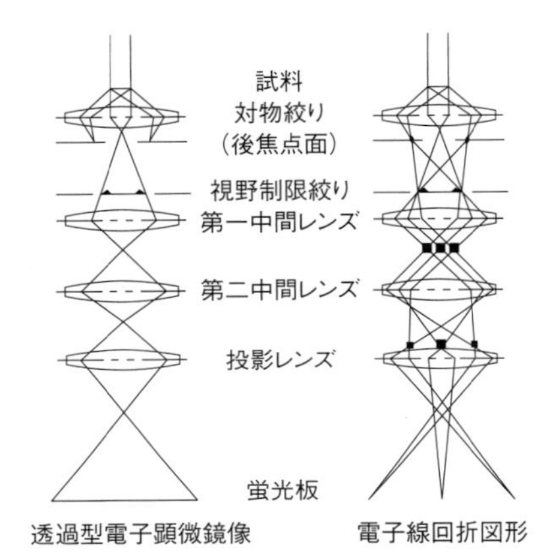


図 3.4　TEM における結像の原理（日本分析機器工業会 編（2009）『分析機器の手引き』，第 16 版，p.63，日本分析機器工業会）

nm 程度以下に）する必要がある．像の明暗のコントラストを得るために，電子線が試料を透過するときの，散乱・吸収，回折，位相の 3 つのコントラスト発生源を目的に応じて利用する．

一定の波長をもつ電子線を試料に照射すると，試料で散乱された電子線は対物絞りレンズの後焦点面に回折（これをFraunhofer 回折という）像を形成する．すなわち，試料から一定の方向に散乱された電子線が後焦点面で 1 点に集まることになる．この後焦点面から出る二次波が試料の拡大像をつくる．この像は後段の複数の中間・投影レンズで拡大され，最終的に蛍光板に結像される．中間レンズの焦点距離を変えることにより，顕微鏡像と回折像との切替えが可能である．

検出と記録には，拡大結像された像を観察するための蛍光板をモニターしたり，直接フィルムに記録する方法がとられていたが，今では輝尽性蛍光体のイメージングプレートに記録したり，蛍光材や

YAG 結晶で電子を光に変換して撮像管や CCD カメラで試料の動的変化を観察し，それをパソコンで画像処理/画像解析する方法が一般的である．また，電子と試料との相互作用で発生した特性 X 線や反射電子，二次電子，エネルギー損失電子などを検出する各種分光器/検出器を備え，複数の情報を同時に得られる装置も開発されている．

TEM の空間分解能 $d$ は，電子線の波長 $\lambda$ と対物レンズの球面収差係数 $C_s$ によって決まる．

$$d = 0.65\, C_s^{1/4} \lambda^{3/4} \tag{3.1}$$

(3.1) 式より明らかなように，波長が短いほど高い分解能が得られる．一方，波長 $\lambda$ と電子銃の加速電圧 $V$ は，

$$\lambda \propto V^{-1/2} \tag{3.2}$$

の関係にあるので，加速電圧を高くすれば波長は短くなり，分解能が高くなることになる．一般の TEM に付属している電子銃の加速電圧は 100～500 kV であり，その分解能は 0.2 nm 程度であるが，最近は 1000 kV 以上，なかには 3000 kV 以上の電子銃をもった TEM も市販されるようになっており，このような TEM は超高電圧 TEM とよばれ，分解能が向上するだけでなく，これまでの 10 倍以上の厚さの試料の立体的観察にも適用できるようになっている．

TEM を用いて薄膜試料を通過した電子線の回折パターンを得ることもできる．これは透過電子線回折（Transmission Electron Diffraction；TED）とよばれ，回折スポットの位置から三次元的な結晶格子の形状が，またスポット強度から原子配列が求められる [8]．TED 法ではきわめて薄い試料を作製することにより，表面の寄与を大きくし，表面の原子配列を決定することもできる．

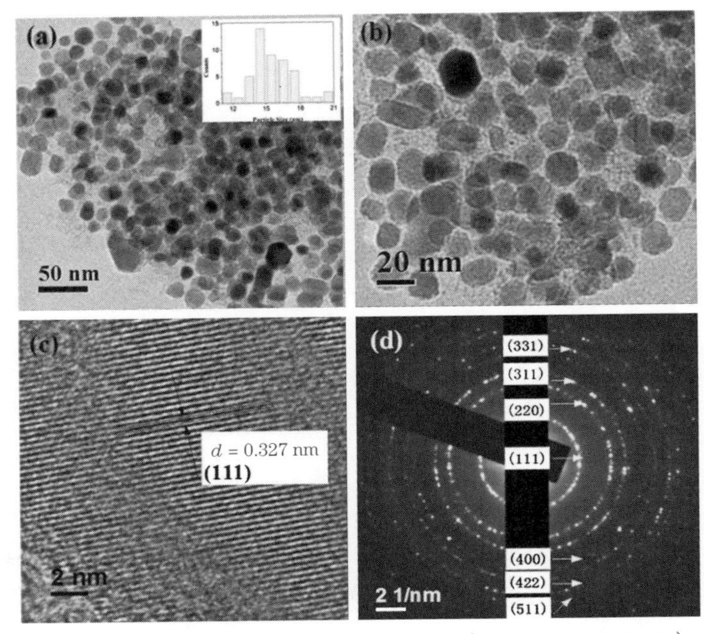


図 3.5　$Cu_2FeSnSe_4$ 微結晶（Liu, Y., *et al*.（2014）*Mater. Lett.*, **136**, 307）
(a), (b) 微結晶の TEM 像，(c) 1つの微結晶の一部を拡大した高分解能 TEM 像，
(d) (c) で観察した微結晶の TED パターン．

実際の例として，図 3.5 に $Cu_2FeSnSe_4$ 微結晶の TEM 像を示す [9]．広い範囲を観察した図 3.5(a) および (b) から，平均直径が 15.5±1.9 nm でサイズ分布が比較的大きくかつ多面状の微結晶ができていることがわかる．また，拡大して1つの微結晶の一部を観察した図 3.5(c) では，0.327 nm の間隔の原子列がはっきりと観測されている．これは，$Cu_2FeSnSe_4$ の（1 1 1）面の面間隔 3.28 Å にほぼ等しく，この1つの微結晶が単結晶であることを示唆している．実際，この微結晶にのみ焦点をしぼって測定したTEDパターン（図3.5(d)）に相当する回折点が観測されたことより，単結晶であることが確認されている．

### 3.3.2 低速電子線回折（LEED）

Davisson と Germer により最初にLEED像が観測されたのは1920年代であるが，一般にこの手法が普及し始めたのは前述のSEM/TEMと同様，超高真空技術と電子線技術が大きく発展した1960年代後半になってからである．LEEDはバルク結晶のX線回折（X-ray diffraction；XRD）による結晶構造の決定法に類似しているが，電子線は物質との相互作用が大きく，表面構造による回折現象を利用したLEEDでは単結晶表面の原子配列あるいはその表面に吸着した原子や分子による規則正しい配列が測定対象となる [10–12]．このような二次元規則構造をもつ試料表面に10～200 eVの低速電子線を照射すると，照射された電子のうちの数パーセントが弾性散乱して回折像をつくる．この回折像は，測定試料の表面規則構造の逆格子となっているので，回折像をフーリエ（Fourier）変換することで，実空間における表面の二次元周期構造が得られる．シャープな回折像を得るためには規則正しく原子が配列したドメインの大きさが1.00 nm$^2$以上は必要である．LEEDにおいては電子線を照射する範囲がかなり広いため（ビーム径にして0.5～1 mm程度），LEED像が数種類の異なるドメインから生成した回折像の重ね合わせである可能性を念頭に入れておかなければならない．

LEED像を得るための装置としては，阻止電場型エネルギー分析器が最もよく用いられている（図3.6）[5, 10]．電子銃は半球形の蛍光スクリーンおよびグリッドの中心部に設置されており，一定のエネルギーをもった低速電子線を試料表面に照射すると，電子線は

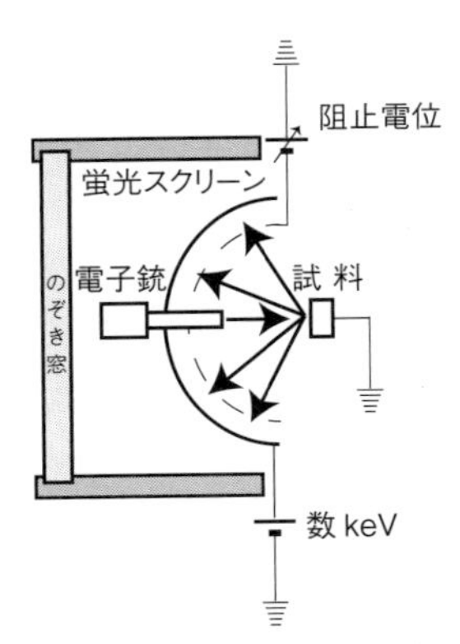


図 3.6　LEED 装置の概略図（日本分析機器工業会 編（2009）『分析機器の手引き』，第 16 版，p.62，日本分析機器工業会）

表面原子によって後方散乱する．電子のもつ波動性により，これらの電子は半球形の蛍光スクリーンに達するまで干渉し合う．位相がそろって強め合うことによってできた回折線は，高圧をかけた蛍光スクリーンに達して蛍光体を発光させる．こうして即座に1つの回折像（LEED 像）を観測することができる．試料と第1グリッドは接地されていて，電子が無電場の中を通過するようになっている．非弾性散乱した電子を排除するために第2と第3のグリッドが取り付けられているものが一般的である．

図 3.7(a) は Pd(1 1 1) 面にベンゼン（$C_6H_6$）と一酸化炭素を共吸着させたときに観測された LEED 像であり，3.7(b) はその解析図である [13]．LEED 像の中心部分は試料ホルダーにさえぎられて見えないが，それ以外の部分にシャープな回折スポットが見える．図 3.7(b) に黒丸で示したスポットは清浄な Pd(1 1 1) 面の (1×1) 構造でも観測されるスポットで，この清浄な表面に分子が

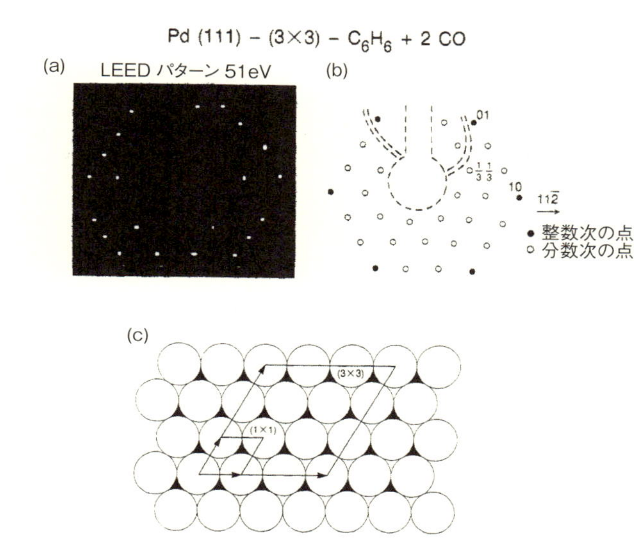


図 3.7　Pd(1 1 1) 表面にベンゼン ($C_6H_6$) と一酸化炭素 (CO) を供吸着させた結果 (Ohtani, H., *et al.* (1988) *J. Phys. Chem.*, **92**, 3976)
(a) LEED 像, (b) (a) の説明図, (c) (a) の LEED 像の解析から得られた吸着配置.

吸着することにより，図 3.7(b) に白丸で示した新しい回折スポットが現れたことがわかる．この逆格子における単位格子の基本ベクトルの大きさはもとの清浄表面に比べて 1/3 になっており，これよりただちに実空間では 3 倍の大きさの基本ベクトルから構成される二次元格子が生成したことがわかる (図 3.7(c))．この単位格子内の構造を求めるには，以下に述べるように回折スポットの強度分析の測定が必要となる．

1970 年代に入って，理論面での進展が著しく進み，LEED 像の回折強度からの表面構造決定法がおおいに進んだ．この場合，回折スポットの強度を入射電子線のエネルギーの関数としてプロットし(これを*I–V* 曲線とよぶ)，理論的に求めた*I–V* 曲線と比較・検討することにより，表面数層の原子配列や分子構造を精確に決めることができる．現在のところ誤差は結合距離にして±0.005～±0.015 nm 程度と空間分解能は非常に高い．図3.7に示した（3×3）単位格子の中の構造を決めるためには，*I–V* 曲線の分析が必要になる．*I–V* 曲線を得るためには，入射電子線のエネルギーを変化させながら回折スポットの強度変化を，ビデオカメラを用いて録画する．図3.8(a) は実験で求めた*I–V* 曲線の一例である［13,14］．電子線のエネルギーを変化させると各LEEDスポットの強度が変化

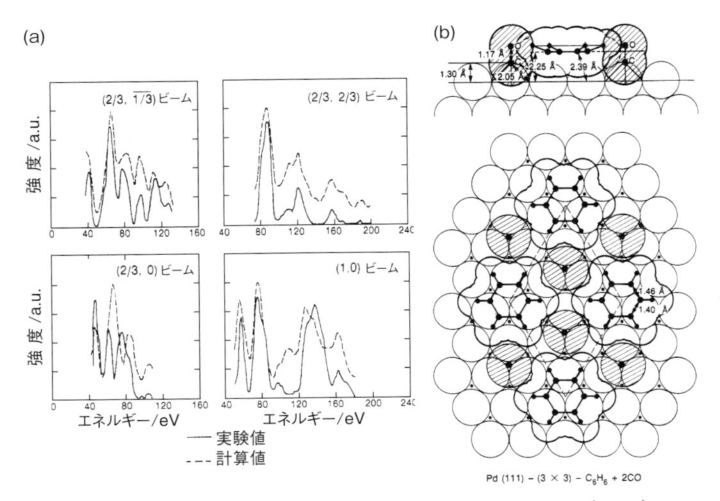


図3.8　Pd(1 1 1)–(3×3)–$C_6H_6$＋2 CO構造（Ohtani, H., *et al*.（1988）*J. Phys. Chem.*, **92**, 3978, 3979）
(a) 種々の回折点におけるLEEDの*I–V* 曲線と理論曲線，(b)（a）の解析結果に加えて多重散乱を考慮した理論計算によって決定された表面構造．上：断面図，下：上方から見た図．

するが，この形状が表面構造の情報を含んでいる．いろいろな原子配置を仮定して理論的に$I$–$V$曲線を求め，それが実験値に近づくまで表面構造のモデルを改良する．原子における電子線の散乱断面積はX線のそれよりもはるかに大きく，したがって多重散乱を考慮した複雑な理論計算が必要になる．近年では半自動的に効率よく計算する方法が考案され，パソコンでも構造決定を行うことが可能になった．図3.8(b)はこのような計算によって決定された表面構造である．

この解析結果より，(3×3)単位格子中にベンゼン1分子と一酸化炭素2分子が解離せずに吸着していることが明らかとなった．各結合の長さ，下地パラジウム原子（表面第1層）の位置も決められている．なお，ベンゼンの水素原子は電子線との散乱断面積が小さいために考慮されていない．

回折現象を利用した金属界面の構造・原子配列決定には，このLEED以外にも，高エネルギーの電子線を利用するためにLEEDより分解能が高いRHEED，以下で述べる放射光を利用したSXSや，X線光電子回折（X-ray Photoelectron Diffraction；XPD）あるいは中エネルギーイオン散乱（Medium Energy Ion Scattering；MEIS）/高エネルギーイオン散乱（High Energy Ion Scattering；HEIS），中性子線回折（Neutron Diffraction；ND）など，多種多様な回折法，散乱法があるが，米国のNational Institute of Standards and Technologyによる表面構造のデータベースにある1000以上のデータの半数以上がLEEDによって決められたものであることからわかるように，LEEDは最も頻繁かつ広範に使われている単結晶表面観察法である．

### 3.3.3 X線光電子分光（XPS）[15–17]

ESCA（Electron Spectroscopy for Chemical Analysis）ともよばれているXPSは，1960年代にSiegbahnら［18］によって開発された元素分析法であり，現在では金属界面の最もポピュラーな元素分析法のひとつとなっている．真空中に置いた測定試料表面にX線を照射し，光電効果によって発生した（光）電子の運動エネルギーを測定し，その値から内殻電子の結合エネルギーを算出して，電子構造や酸化状態を解析する．固体および気体試料が測定の対象となりうるが，出てくる電子線の脱出深さが小さいため，表面に敏感な手法であり，そのため今や固体表面（金属界面）の定性分析手段として欠かせないものとなっている．検出感度は非常に高く，0.01～1.0原子%程度である．二次元分解能も年々向上し，数μm程度の分解能で各元素のマッピングが可能な市販機器も出てきている．また，表面をイオンビームなどでエッチングしながら光電子を観測したり（破壊分析），試料と検出器の角度を変えて出てくる光電子の脱出深さを変えて測定する（非破壊分析）ことで，深さ方向の情報を得ることもできる．

原子中に束縛されていた電子がX線によって励起され表面から外に飛び出す．この飛び出した電子（光電子）の運動エネルギーを測定することにより，アインシュタイン（Einstein）の関係式（(3.3) 式）を用いて内殻電子の結合エネルギーが求められる．

$$E_{\mathrm{k}} = h\nu - E_{\mathrm{B}} \tag{3.3}$$

ここで，$h\nu$ は入射したX線のエネルギー（$h$ はプランク（Planck）定数，$\nu$ は波数），$E_{\mathrm{B}}$ は電子の結合エネルギー，$E_{\mathrm{k}}$ は光電子の運動エネルギーである．表3.2には電子分光でよく用いられるエネルギー準位の記述法をまとめた［19］．

表 3.2 電子のエネルギー準位の表記法

| 量子数 | | | 電子のエネルギー準位 | |
|---|---|---|---|---|
| $n$ | $l$ | $j$ | | |
| 1 | 0 | 1/2 | 1s 1/2 | K |
| 2 | 0 | 1/2 | 2s 1/2 | L I |
| 2 | 1 | 1/2 | 2p 1/2 | L II |
| 2 | 1 | 3/2 | 2p 3/2 | L III |
| 3 | 0 | 1/2 | 3s 1/2 | M I |
| 3 | 1 | 1/2 | 3p 1/2 | M II |
| 3 | 1 | 3/2 | 3p 3/2 | M III |
| 3 | 2 | 3/2 | 3d 3/2 | M IV |
| 3 | 2 | 5/2 | 3d 5/2 | M V |
| 4 | 0 | 1/2 | 4s 1/2 | N I |
| 4 | 1 | 1/2 | 4p 1/2 | N II |
| 4 | 1 | 3/2 | 4p 3/2 | N III |
| 4 | 2 | 3/2 | 4d 3/2 | N IV |
| 4 | 2 | 5/2 | 4d 5/2 | N V |
| 4 | 3 | 5/2 | 4f 5/2 | N VI |
| 4 | 3 | 7/2 | 4f 7/2 | N VII |

(Kuhn, H. G.(1962)"Atomic Spectra", Academic Press)

X 線は内殻電子を励起するのに十分なエネルギーをもっている．XPS のピーク位置とピーク強度から元素の同定と定量が可能となる．また，化学シフトとよばれるピーク位置の変化から原子の結合状態や酸化数を推定することもできる．すなわち，XPS によって金属界面の電子状態を推定できることになる．図 3.9 に例としてビスマスとインジウムの複合硫化物の XP スペクトルを示す [20]．図 3.9(a) の全体スペクトルから，この試料にはインジウム，ビスマス，硫黄，および酸素と炭素が含まれていることがわかる．炭素と酸素は不純物（あるいは試料輸送中の付着物）として観測された

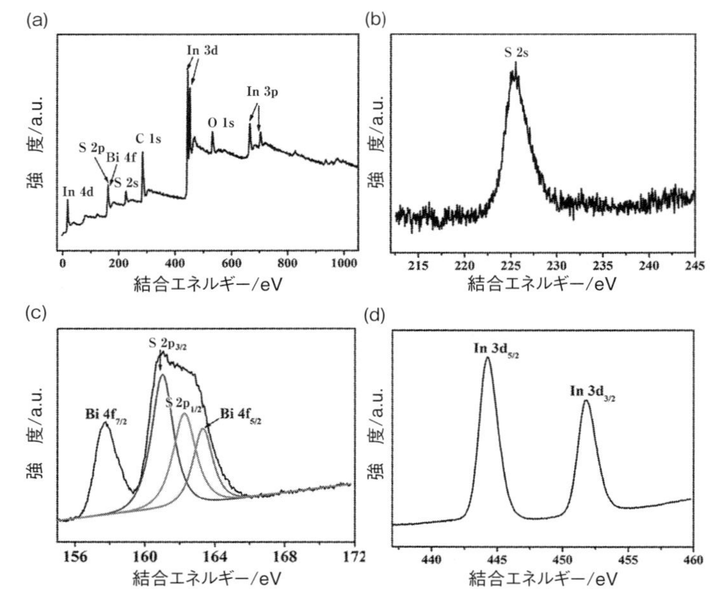


図3.9　ビスマスとインジウムの複合硫化物のXPスペクトル（Zhou, J., *et al.*（2014）*Sci. Rep.*, **4**, 4027–5）
(a) 全体スペクトル,（b）S 2s 領域,（c）Bi 4f および S 2p 領域,（d）In 3d 領域.

ものである．この全体スペクトルのそれぞれのピーク位置の帰属によって，元素分析が可能となる．また，図3.9(b)～(d) のように各元素のピークのピーク位置（化学シフト）とピーク強度を詳細に解析することで，各元素の酸化数（電子状態）と存在比（定量分析）がわかる．

図3.10は固体中の電子が非弾性散乱を受けるまでの平均自由行程を電子の運動エネルギーの関数としてプロットしたものである

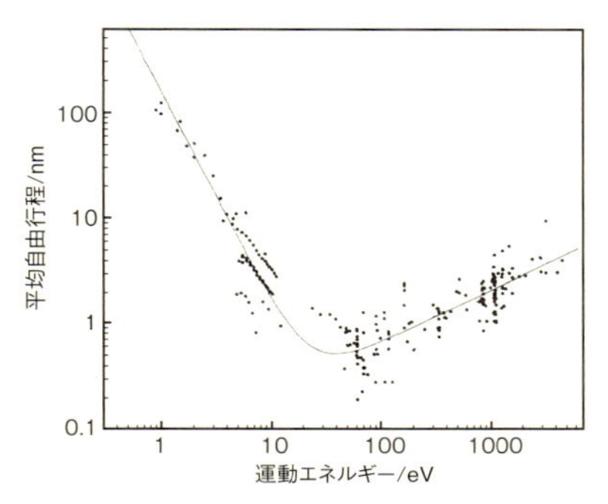


**図 3.10** 固体中の電子の平均自由行程と運動エネルギーの関係（Seah, M. P., Dench, W. A.（1979）*Surf. Interface Anal.*, **1**, 6）

[21–23]．運動エネルギーが 10～2000 eV の電子では平均自由行程は 2 nm 以下であることがわかる．したがって，X 線は金属内部の数 μm の深さまで到達して電子を励起するにもかかわらず，XP スペクトルに含まれる情報は表面近傍で発生した光電子によるものだけであり，XPS は表面敏感な元素分析法である．

### 3.3.4 オージェ電子分光（AES）[24, 25]

1925 年 Auger は，高エネルギーの電子線により試料原子の内殻電子を励起すると，電子軌道間の準位の差に相当するエネルギーをもった電子が試料から放出されることを見出した．この電子放出過程は，以下でより詳しく説明するが，オージェ過程とよばれる．その後 1960 年代に入って，この AES は表面分析手段として著しい発展をとげた [26]．AES は測定試料（金属界面）に電子線を照射し，オージェ過程によって発生した電子の運動エネルギーを測定し，その値から元素分析を行う分光法である．上記の XPS と同様，表面に敏感な手法であり，金属界面の定性・定量分析法として欠かせないものとなっている．検出感度は0.1～1.0原子%程度であり，XPSに比べてやや劣るが，照射電子線をしぼることがX線に比べて容易なために，二次元分解能はXPSよりすぐれている．また深さ方向の分析も，XPSと同様，試料と検出器の角度を変えた測定やイオンビームで試料表面を削ることで，精密に行える．走査型オージェ顕微鏡は，前述のSEMと同様，電子線を走査することによって金属界面の元素マッピングを高分解能で行う顕微鏡である．

電子線源としては，タングステンフィラメントや$LaB_6$などが用いられ，さらに高分解能を得るために電解放射チップが用いられる場合もある．入射電子線のエネルギーは数keVである．試料表面から出てくる二次電子はエネルギー分析器を経たのちにチャネルトロンなどの検出器により検出される．エネルギー分析器としては，円筒鏡型や同心半球型のものが用いられている．また，性能は劣るが前述のLEED装置の電子銃とその光学系を用いてAES測定を行うことも可能であり，実際1970年代まではこの方法が頻繁に用いられていた．

図3.1(g) に示したオージェ過程の詳細を図3.11に示す [22,24,25]．試料に電子線を照射すると（図3.11(a)）内殻電子が光電子となって放出される（図3.11(b)）．生じた空孔が上の準位の電子によって満たされるときのエネルギーがX線放出とはならず，図3.11(c) に示すように他の外殻の電子の運動エネルギーとなって，外殻電子が真空中に飛び出す（図3.11(d)）．このように，飛び出してきた励起された電子以外の電子を二次電子という．この過程をオージェ過程といい，この過程により発生した二次電子をオージェ電子という．オージェ過程では3種類の電子準位が関わるので，これらの準位を明記して，該当するオージェ過程を$KL_1L_2$オージェ過

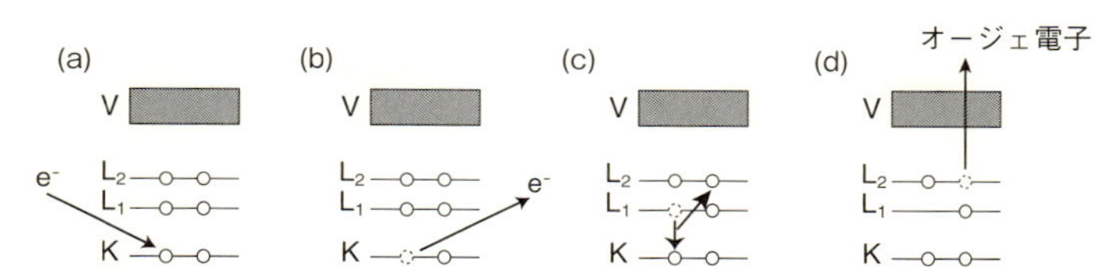


図 3.11 オージェ電子の放出過程（日本表面科学会 編，(2001)『オージェ電子分光法』，p.2，丸善出版）
V は価電子帯.

程，飛び出した電子を $\mathrm{KL_1L_2}$ オージェ電子などということもある．以上のことから非常に粗い近似では，図 3.11 におけるオージェ電子のエネルギー（$E_{\mathrm{Auger}}$）は次式で表される．

$$E_{\mathrm{Auger}} = E_{\mathrm{K}} - E_{\mathrm{L_1}} - E_{\mathrm{L_2}} \tag{3.4}$$

ここで，$E_{\mathrm{K}}$，$E_{\mathrm{L_1}}$，$E_{\mathrm{L_2}}$ はそれぞれの準位の電子の結合エネルギーである．XPS の場合（(3.3) 式）とは異なり，オージェ電子の運動エネルギーは入射電子線のエネルギーによらないことがわかる．したがって，入射電子線のエネルギーをそろえる必要がなく，実験上都合がよい場合が多い．オージェ電子のピークは他の二次電子によるバックグラウンドに重なっていて非常に識別しにくい．そこで通常，オージェスペクトルは電子数ではなく，その一次微分（$\mathrm{d}N/\mathrm{d}E$）あるいは $\mathrm{d}En(E)/\mathrm{d}E$ をエネルギーの関数としてプロットする．これらのピーク位置と強度から元素の同定と定量を行う．スペクトルの形状からは，各元素の置かれた化学的環境，結合状態，酸化状態などの有用な情報が得られるため，XPS と同様に金属界面の電子構造分析も可能である．また，上の XPS の項で述べたこととまったく同様の理由でオージェ電子は試料表面のごく近傍の情報だけを与えるため，AES も金属界面に敏感な手法である．

図3.12(a) は鉄の表面に酸素を飽和吸着させて鉄の酸化膜を生成させたのち，さらに硫化水素を飽和吸着させた試料のオージェスペクトルである [27]．597 eV，651 eV，703 eV のピークは鉄の LVV オージェ電子によるもので，510 eV のピークは酸素の KLL 遷移，152 eV のピークは硫黄の LMM 遷移によるものである．この表面をアルゴンイオンビームでエッチングしながらピーク強度をモニターしていくと，図3.12(b) のように硫黄の強度が減少し，硫黄が最表面に存在することがわかる．その後，酸素の強度が減少するとともに鉄の強度が増加し，元の鉄の表面にのみ酸化膜ができていたことも確認できる．

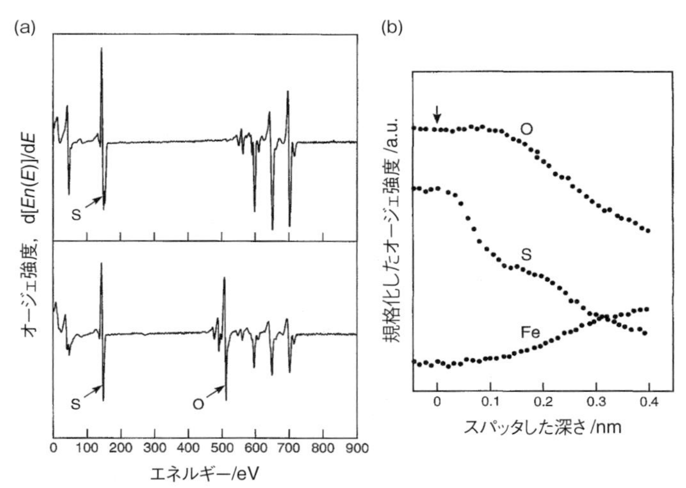


図3.12　鉄の表面を酸化させたのちに硫化水素を飽和吸着させた試料のスペクトルと深さ分析結果（Shanabarger, M. R., Moorhead, R. D.（1996）*Surf. Sci.* **365**, 617, 620）
(a) オージェスペクトル．上の図は清浄な鉄表面，下の図は酸化膜で覆われた鉄表面．(b) (a) の酸化膜で覆われた鉄試料の深さ方向の分析結果．

### 3.3.5　高分解能電子エネルギー損失分光（HREELS）

HREELSは，ProstとPiperにより1960年代に始められた表面吸着種の分析法である［28］．図3.13に装置の概略を示す［22］．電子線源（タングステンフィラメント）から放出された電子はモノクロメータを通って一定のエネルギーの電子線となり（通常1～10 eV），一定の角度で試料表面に入射し，表面数層の深さまで到達する．試料表面から散乱した電子は，電子レンズ，アナライザを通って検出器に集められる．弾性散乱した電子は入射電子線と同じエネルギーをもっている．HREELSで測定の対象となるのは，試料表面の振動モードを励起した分だけエネルギーを損失したごく一部の電子である（(3.5) 式参照）．

$$E_{\mathrm{Loss}} = E_{\mathrm{in}} - E_{\mathrm{vib}} \tag{3.5}$$

ここで，$E_{\mathrm{Loss}}$，$E_{\mathrm{in}}$，$E_{\mathrm{vib}}$はそれぞれ，損失後の電子線のエネルギー，入射した電子線のエネルギー，試料の振動モードのエネルギーである．検出した電子数を損失エネルギーの関数としてプロットしたものがHREELスペクトルである．すなわち，後述するRS（3.4.4項）では，入射および検出されるのは紫外可視光であるのに

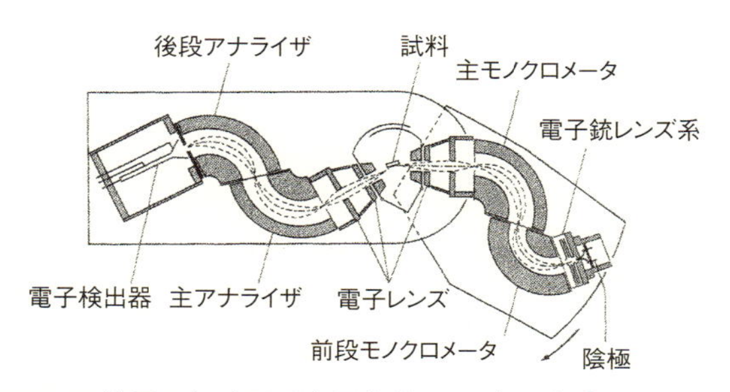


図3.13　HREELS装置の概略図（岩澤康裕ほか（2010）『ベーシック表面化学』，p.85，化学同人）

対し，HREELSでは電子線である．通常，アナライザには回転機構が備わっていて，損失ピーク強度の角度依存性を得ることができ，これはエネルギー損失の詳細なメカニズムおよび振動モードの解析に役立つ．HREELSでは，200～4000 $cm^{-1}$ 程度の範囲の振動スペクトルが得られ，上述の赤外反射吸収スペクトルと同様，表面選択律によって双極子モーメントが表面垂直方向を向いている振動モードのみが観測される．これを利用して，表面に存在する分子の種類だけでなく配向を求めることができる．検出感度は分子の種類

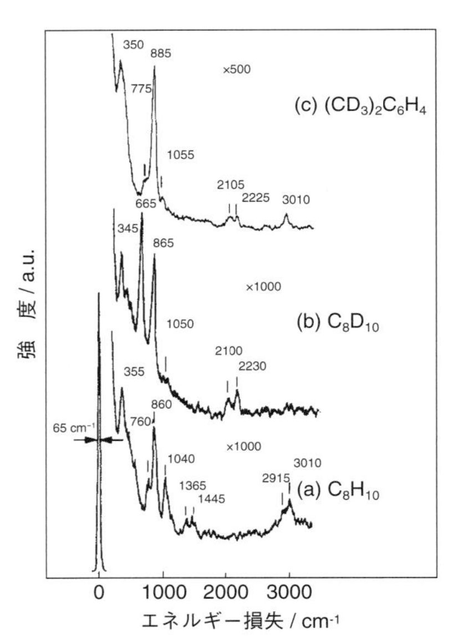


図3.14　Pt(1 1 1) 表面に吸着した*p*–キシレン単分子膜のHREELスペクトル
(Wilk, D. E., *et al.* (1993) *Surf. Sci.*, **280**, 302)
(a) 通常の*p*–キシレン，(b) 重水素化した*p*–キシレン，(c) 部分的に重水素化した*p*–キシレン．測定温度はすべて245 K.

にもよるが，一酸化炭素分子の場合は1分子層の0.01%程度の量も検出可能であるが，二次元分解能は1 $mm^2$ 程度である．

図3.14にPt(1 1 1)表面に化学吸着した$p$-キシレンのHREELスペクトルを示す［29］．横軸の原点の位置にあるピークが弾性散乱（エネルギー損失がない電子）によるものである．その半値幅（65 $cm^{-1}$）がこのスペクトルの分解能の目安となる．その隣のスペクトルは弾性散乱のピークの裾野の部分を縦軸方向に1000倍に拡大して得られたものである．各ピークの帰属は以下の表3.3に示すとおりである．

860 $cm^{-1}$のピークはC−H面外変角振動によるもので，3010 $cm^{-1}$のピークはC−H伸縮振動に由来する．C−H面内振動やベンゼン環面内伸縮振動に帰属されるピークが観測されなかったこと，およびスペクトルの角度依存性を詳細に検討した結果，$p$-キシレン分子は芳香環の$\pi$軌道によってPt(1 1 1)表面に対して平行に結合していることが明らかとなった．

**表3.3　図3.14の各ピークの帰属**

| | 振動モード | 振動数/$cm^{-1}$ |
|---|---|---|
| ベンゼン環/下地金属 | Pt−C伸縮振動 | 335 |
| ベンゼン環 | C−H面外変角振動 | 760 |
| | C−H面内変角振動 | 観測されず |
| | C−H伸縮振動 | 3010 |
| | C−C伸縮振動，C−H伸縮振動 | 観測されず |
| メチル基 | $CH_3$横揺れ振動 | 1040 |
| | $CH_3$変形（対称） | 1365 |
| | $CH_3$変形（非対称） | 1445 |
| | $CH_3$伸縮振動 | 2915 |

（Wilk, D. E., *et al*.（1993）*Surf. Sci*., **280**, 303）

HREELSの分解能は，1990年以前はせいぜい40 $cm^{-1}$ 程度であったが，それ以降徐々に上がり，いまでは0.5 meV（4 $cm^{-1}$）以下となっている [30]．これにより，いろいろな振動モードを分離して観測することが可能になり，金属界面に吸着した，より複雑な分子構造が詳細に検討されている．

## 3.4　光子をプローブとした金属界面計測

### 3.4.1　紫外・可視吸収分光（UV·Vis）

一般に紫外・可視光は金属を透過せず，ほぼ100% 反射してしまう．しかしながら，近年の薄膜化技術の進展によって数～数十nmの厚さで金属薄膜を作製できるようになったため（4.3節参照），光の一部を透過させることが可能となった．したがって，金属界面観察のためのUV·Visは，金属薄膜を利用した透過法と，より厚い試料の表面での反射光を測定する反射法の2つに大別される．

①　**透過法**：一般的な溶液中の透過吸収分光法と同様に，反応前の試料（金属薄膜）のスペクトルを参照スペクトルとし，反応後のそれとの比較により吸収スペクトルを算出する．試料が薄膜のため，試料の均一性が重要であり，また測定感度がそれほど高くないために，測定対象が化学吸着した物質（単分子層吸着）などのようにその量（表面濃度）が少ない場合には測定は困難である．そのため，おもに後述の金属表面に吸着した吸光係数の大きな金属錯体分子の分析法に用いられることが多い．

②　**反射法**：金属バルクは紫外・可視光を透過しないため，金属表面の紫外・可視吸収分光測定は一般的に反射法によって行う．ここでいう反射法とは外部反射型のものであり，後述する内部反射型

とは区別される．おもに形成した金属薄膜あるいは腐食された金属表面のキャラクタリゼーションに用いられているほか，透過法と同様に吸着分子種の分析にも用いられる場合がある．

金属/薄膜/気相（あるいは液相）の三相界面を3つの平行な光学的連続層に近似した三相系光学モデルを考えてみよう．p偏光（入射面と光子の振動方向が垂直な偏光）またはs偏光（入射面と光子の振動方向が平行な偏光）の単色光を入射したときの反射率は，入射光の波長$\lambda$と入射角の関数として，Fresnelの式を用いて記述できる［31］．薄膜の厚みが$\lambda$よりはるかに小さいときには，比較的簡単な式に近似できる［32］．この場合，薄膜がないときの反射率の絶対値を実験的に求めることが困難であり，むしろ変化量（$\Delta R/R_0$）のほうが容易に求められる．一般的に入射角が大きいほど反射率が高いため（図3.15），感度よく測定するために入射光は界面すれすれに入射する［33］．

硫酸電解質溶液中での白金電極上の酸化膜生成の電気量と反射率変化との間にきわめてよい直線関係が得られることがKochによっ

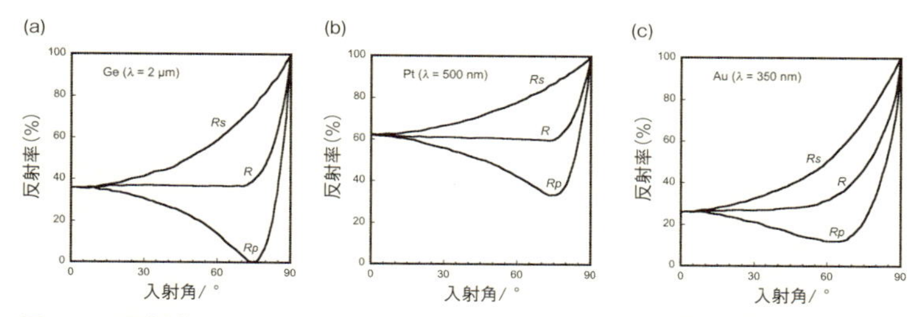


図3.15　屈折率1の相（入射側）と種々の金属/気相界面での一定波長における反射率の入射角依存性（高村 勉（1975），『分子レベルからみた界面の電気化学』，日本化学会 編，p.180，東京大学出版会）
（a）ゲルマニウム表面に波長2 μmの光を，（b）白金表面に波長500 nmの光を，（c）金表面に波長350 nmの光を照射した場合．

て見出されて以来 [34]，この方法を利用して，種々の金属電極/溶液界面における金属酸化膜形成やアニオンの吸着挙動について包括的に研究された [33]．また，相樂らは交流電位変調法を用いて，電極表面の吸着物の配向変化およびその速度論的解析に成功している [35]．

### 3.4.2　非線形分光

レーザー光のような強い光電場を物質に照射すると，物質内には光の振動電場の強さに比例して増大する線形分極（3.4.1 項）と非線形な高次の分極の両者が誘起される．

$$P = \chi^{(1)}E + \chi^{(2)} : EE + \chi^{(3)} : EEE + \cdots\cdots \tag{3.6}$$

ここで，$P$ は物質内に生じた分極を，$E$ は入射光の局所電場を，$\chi$ は感受率を表し，右辺第1項目が上述の線形分極に，第2項目以降が非線形分極に相当する．二次の非線形分極の項，$P^{(2)}$，は一般に次式で表される．

$$P^{(2)}(\omega_{\mathrm{SF}}=\omega_1+\omega_2) = \chi^{(2)} : E_1(\omega_1)E_2(\omega_2) \tag{3.7}$$

ここで，$E_1(\omega_1)$ と $E_2(\omega_2)$ は2つの入射光の局所電場であり，$\omega_1$ と $\omega_2$ はそれぞれの周波数である．$\chi^{(2)}$ は，二次の非線形感受率とよばれ，三階テンソルである．一般に $\chi^{(2)}$ は，電気双極子近似の下では等方的な媒質中でゼロとなり，したがって $P^{(2)}$ は誘起されない．このことは二次の場合に限らず，偶数次の非線形分極すべてに当てはまる．つまり，気相や液相のような巨視的に等方性の媒体，さらに金属のような中心対称性媒体のなかでは偶数次の非線形感受率はすべてゼロとなる．ところが，反転対称性が破れる表面や界面では偶数次の非線形感受率はゼロではなく，$P^{(2)}$ は当然誘起されることとなり，結果として，輻射される周波数 $\omega_{\mathrm{SF}}$ の光は表面選択的なプローブとなる．誘起された二次の分極 $P^{(2)}$ が周波数 $\omega_{\mathrm{SF}}$ の電磁波を輻射することによって，この二次の非線形分光現象が起こる．$\omega_1=\omega_2$ である場合は，$P^{(2)}$ の周波数 $\omega_{\mathrm{SF}}$ は $2\omega_1$ となり，このときの現象を SHG といい，一方，$\omega_1\neq\omega_2$ である場合を SFG という [1,2, 36–38]．SHG では，主として紫外・可視光を用いて金属界面の電子状態を，一方 SFG では可視光と赤外光とを用いて金属界面に吸着した分子の分析を行う．

### (1) 二次高調波発生（SHG）

金属界面に強い光を集光すると入射光の 2 倍のエネルギーの光が発生する．これは上述した二次の非線形光学現象のひとつである SHG とよばれる現象である．気相や液相のような等方的な媒質中ではこの現象は起こらず，反転対称性が破れた場（界面）でのみ発生する．さらに，入射光または SHG 光（あるいはその両方）が表面に存在する物質の電子準位間の遷移エネルギーと一致すると共鳴的に SHG 信号が増強されるため，入射光の波長を掃引しながら SHG 強度を測定することで，基本的に試料表面のみの電子スペクトルが得られる（図 3.16）[36]．

SHG の測定は，非常に単純な光学配置で可能であり，一般にナノ秒～フェムト秒のパルスレーザーを光源として対象となる試料表面に基本光を照射し，その反射光に含まれるごく微弱な SHG 光（基本光の 2 倍のエネルギーの光（半分の波長の光））をフィルターなどで分離し，光電子増倍管およびゲート積算回路などと組み合わせて計測する．計測配置図の例を図 3.17 に示す．

SHG 信号の波長依存性を測定すると，上述した共鳴（図 3.16(b)）を利用して界面の電子構造に関する情報が得られる．SHG の

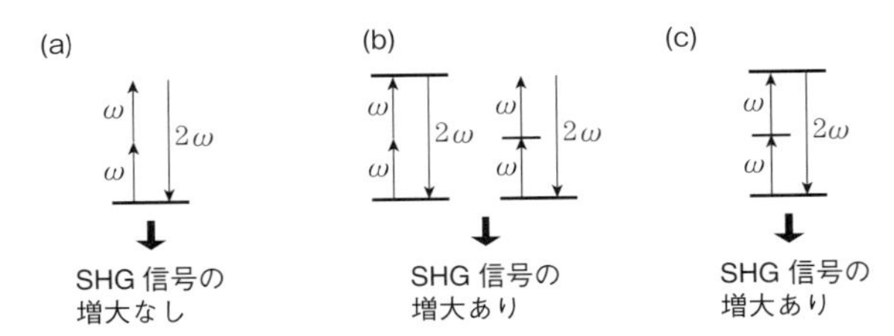


図3.16　SHG 分光におけるエネルギー準位の模式図（八木一三（2008）*Electrochemistry*, **76**, 221）
(a) 非共鳴状態，(b) 共鳴状態，(c) 二重共鳴状態

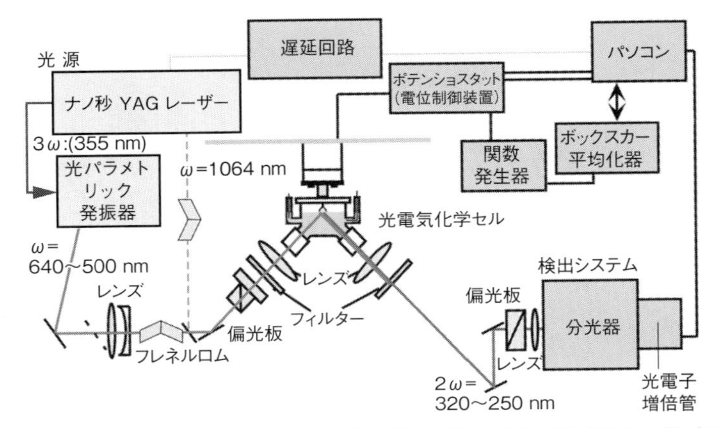


図3.17　金属/液体界面における SHG 測定用分光システムの模式図の一例（八木一三，魚崎浩平（2005）光化学, **36**, 4）

場合，関与する光のエネルギーが 1~6 eV に分布しており，電子遷移エネルギーに対応する．一例をあげると，一酸化炭素が吸着した白金表面では SHG 信号が増強することが見出されている [1,2,36,39,40]．白金表面への吸着により分裂した一酸化炭素の $2\pi^*$ 軌道の反結合性成分である $2\pi_a^*$ 軌道がフェルミ準位の上方，4 eV 付近

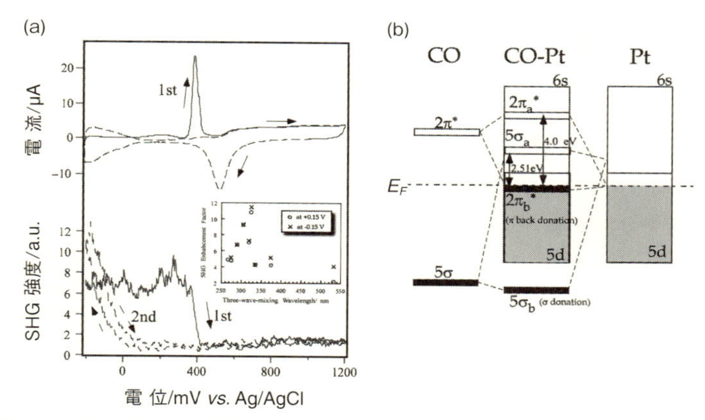


図 3.18 SHG による白金表面に吸着した一酸化炭素の検出（八木一三（2008）*Electrochemistry*, **76**, 221）

(a) 0.1 mol $L^{-1}$ 過塩素酸水溶液中における白金多結晶電極の電流–電位曲線および SHG 応答（p 偏光入射（532 nm）/p 偏光検出（266 nm））の電位依存性．挿入図は一酸化炭素の吸着による SHG 信号の増強率の波長依存性．(b) 吸着した一酸化炭素と白金多結晶電極の界面のエネルギー準位図．

に位置していることが明らかとなっている（図 3.18(b)）．

もちろん，単一の波長で測定する場合でも，界面の電子構造が大きく変化すれば信号強度の変化としてとらえることができるが，より本質的な理解のためには波長依存性の評価が必要である．ただし，SHG 過程では 2 種類の波長を有する光（基本光と SHG 光）が関与していること，また前述した超高真空環境下における電子分光と異なり電子遷移の初状態と終状態とが明瞭ではないため，より詳細な測定と解析が必要となり，その作業はきわめて複雑で，SHG 分光が汎用分析法として普及していない素因ともなっている．

SHG 強度の回転異方性から，金属表面の原子配列，すなわち金属界面の表面対称性（幾何構造，2.2 節参照）を類推することもできる．その最も顕著な例がPettingerらによるAu(1 1 1) 電極の再配列/緩和に伴うSHG回転異方性パターンの変形に関する報告[41,42] である．八木の報告を例にSHGの回転異方性パターンについて説明する [36]．Au(1 1 1) 面は，フレーム/アニール処理 (4.1.1項参照) により清浄化されるとともに表面原子配列が理想的な (1×1) 構造から再配列した ($\sqrt{3}\times 23$) 構造 (2.3.1項参照) となる．ここでは図3.19中段 (3.19(b)，3.19(c)) のように断面図で見るとよくわかるが，表面第1層目のみが1つの方向に圧縮され，ヘリンボーン構造とよばれる原子列のうねりが生じている．Au(1 1 1) 電極を負電位側で，たとえば硫酸電解質溶液中に導入してもこの再配列構造 (図3.19(b)) は保持されるが，電位を正方向に掃引し，図3.19(a) の拡大図の300 mV (*vs.* Ag/AgCl) 付近に見られるような正の電流ピークが観測されると，表面電荷の蓄積およびアニオンの吸着に伴い，再配列面がリフトされて (1×1) 構造 (図3.19(c)) が形成される．このとき，表面に対してレーザー光を入射し，偏光を規定した状態で電極表面をその法線を軸として回転させながら，発生するSHG光の強度を極座標プロットすると，図3.19(d)，(e) のようなパターンが得られる．再配列構造がリフトされた (1×1) 面では，パターンは三階対称または六階対称となる．これは，Au(1 1 1) 面の表面対称性が $C_{3v}$ であることに起因する．ところが，再配列構造を有する電位では，一方向への圧縮が起こり，$C_s$ 対称が重畳し，パターンの変形が起こる．図3.19(d) および (e) は，600 nmの入射光をp偏光で入射し，300 nmのSHG光をp偏光で検出した結果であり，再配列が起こった表面ではひずんだ三階対称性を示している．このパターンは表面における電子分極の異方性をとらえているもので，電子分極能が表面原子の配列によって影響されるかぎり，どのような波長で測定を行っても表面

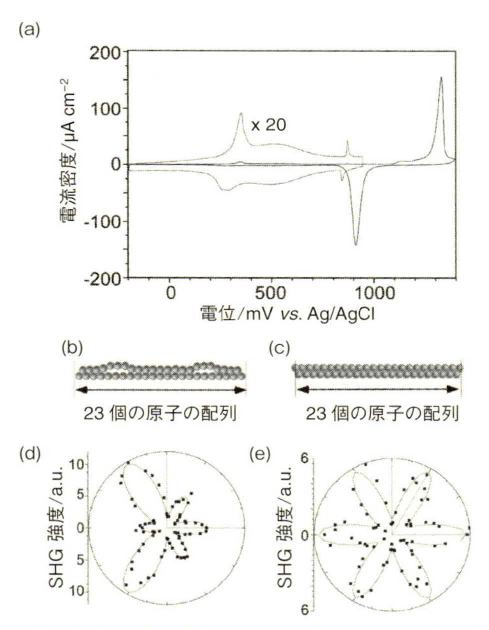


図 3.19 SHG による金電極表面の原子配列の異方性の検出（八木一三（2008）*Electrochemistry*, **76**, 221）
（a）0.1 mol $L^{-1}$ 硫酸水溶液中における Au(111) 電極の電流–電位曲線.（b）Au(1 1 1)-($\sqrt{3}\times23$) 表面再配列状態, および（c）再配列がリフトされた Au(1 1 1)-(1×1) 状態の模式図（断面図).（d）0 V（*vs*. Ag/AgCl)（再配列状態）および（e）+0.7 V における SHG パターン（p 偏光入射（600 nm)/p 偏光検出（300 nm)).

対称性を評価できることを示しており，この SHG 法が金属界面の電子構造だけでなく幾何構造も分析可能なことを示している．

### (2) 和周波発生（SFG）

SFG は異なるエネルギーの光を同時に入射したとき 2 つの光子

コラム2

## 表面不斉

鏡に映った自分の顔は，もとの自分の顔とは重ならない．試しに自分の顔写真を真ん中から切り取り，反転コピーしてつなぎ合わせると，元の自分の顔とは言い難い違和感を感じるだろう．それは元の自分の顔が完全に左右対称ではないからである．物の形は，鏡に映した形（これを鏡像とよぶ）がもとの形（実像）と同じものと，同じではないものに分類することができる．同じになる形を“アキラル（achiral）”といい，同じにならない形を“キラル（chiral）”という．また，このキラルな性質を“キラリティ（chiral）”とよび，日本語では不斉とか，対掌性という言葉で訳される．後者は，キラルのもともとの語源であるギリシャ語の“手”のことであり，右手の鏡像対称である左手が重なり合わないことに由来する．多くの有機分子もキラルであり，あるキラル分子の鏡像異性体はエナンチオマーとよばれる．生体分子は，一方のエナンチオマーのみであることが多く，その生理活性も*S*体と*R*体，D体とL体，というエナンチオマー間でまったく異なることがよく知られている．また，電磁波に対する応答も顕著であり，旋光性という性質を示す．

このような不斉の考え方を二次元に持ち込んだものが表面不斉である．すでにいろいろな不斉表面が提案されており，たんにキラル分子を固定した不斉表面や，アキラルな分子を表面に固定することで形成される不斉表面も報告されている．ここでは，原子配列で形成される不斉金属単結晶表面を取り上げよう．このような表面は図1(a)，(b)のようにジグザグなステップと原子レベルで平坦なテラスで構成されている．ステップというのは原子1個分の段差のことである．一例として面心立方結晶（fcc）金属の（6 4 3）面を考えると，そのエナンチオマーは$(\bar{6}\,\bar{4}\,\bar{3})$面になる．この場合，括弧内の数字はミラー指数であり，数字の上にバーがあると，それは負の指数であることを表している．ステップラインが曲がっている部分に注目すると，この表面は3種類の低指数面で構成されていることがわかる．すなわち，テラスを構築している（1 1 1）面，まっすぐなステップラインの部分は（1 0 0）面，そして曲がった

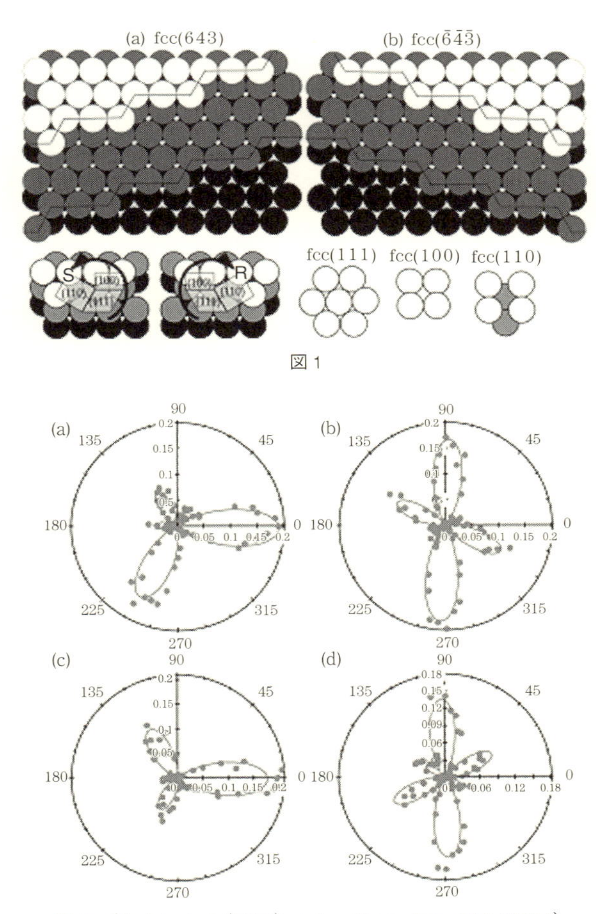


図 1

図 2　(Yagi, I. *et al*. (2005) *J. Am. Chem. Soc*., **127**, 12744)

キンクの部分は（110）面と考えることができ，原子密度の大きい順（(111) 面>(100) 面>(110) 面で順位づけをすると（643）面は反時計回り，$(\bar{6}\bar{4}\bar{3})$ 面は時計回りと考えることができ，有機分子の場合と同様，それぞれ $(643)^S$ 面，$(643)^R$ 面と記述する．このような不斉表面を白金などの触媒金属で形成すると不斉分子の吸着強度や反応活性が，不斉表面との組合せに強く依存することが数多く報告されている．つきつめると，不斉表面は面内に反転対称性が欠如した二次元構造であり，3.4.2 項で紹介した二次非線形分光により，その構造を評価できることも図2からわかる．このような表面不斉の概念は，表面磁性などの電磁気学的特性とも直結し，最近ではナノメートルサイズのアレイ構造体に応用され，メタマテリアルとして拡張されていることも覚えておいてほしい．

（北海道大学　八木一三）

の和のエネルギーの光が発生する現象であり，上述のSHGと同様，二次の非線形光学現象のひとつで，中心対称をもつ媒体中では起こらず，固体表面（界面）でのみ起こる [1,2,36–38]．図3.20(a) のように一方の光を可視光（$\omega_{\mathrm{Vis}}$），他方を赤外光（$\omega_{\mathrm{IR}}$）とし，後者の波長を掃引しながらSFG光を測定すると，赤外光のエネルギーが表面吸着種の振動数（$\omega_{\mathrm{n}}$）と一致したときに，共鳴的にSFG光（$\omega_{\mathrm{SFG}}$）の強度（$I_{\mathrm{SFG}}$）が増大する．SFG光の強度を $\omega_{\mathrm{IR}}$ の関数（$\omega_{\mathrm{SFG}}$ は紫外・可視領域にあることに注意）としてプロットすることで，表面選択的な振動分光スペクトル（図3.20(a) の下図）が得られる．金属表面が液体（金属/液体界面）あるいは気体と接していても（金属/気体界面），液体と気体のバルクは中心対称であることから，SFGスペクトルには液体や気体中の分子からの情報はいっさい含まれず，注目する界面の情報のみが選択的に得られる．図3.20(a) のエネルギー図から明らかなように，赤外とラマン（Raman）

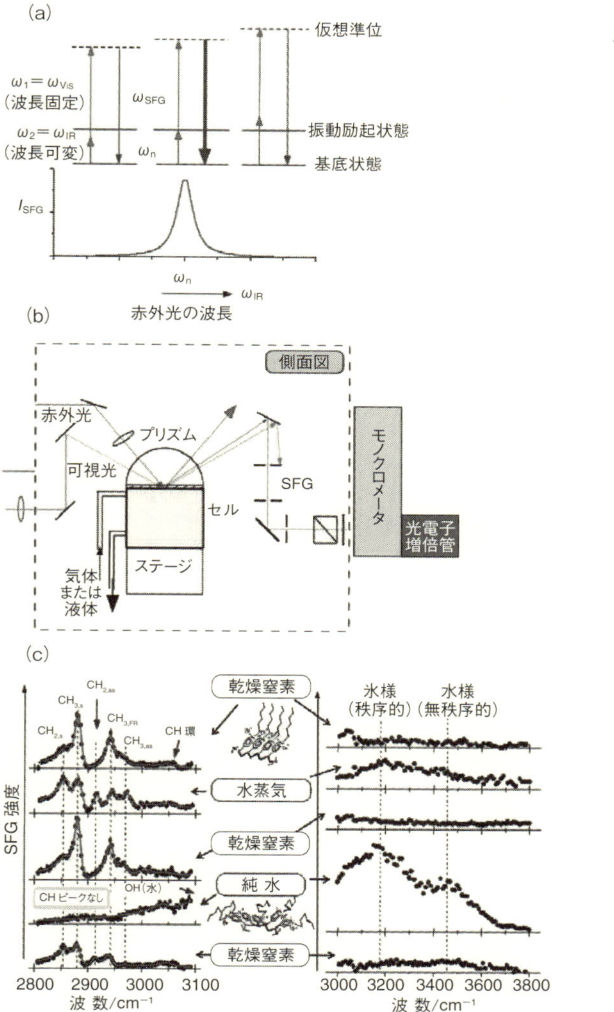


図 3.20　SFG の概略（Uosaki, K.(2015) *Jpn. J. Appl. Phys.*, **54**, 030102-10）
(a) SFG の原理と SFG スペクトル．(b) 固液界面での SFG 測定システム．(c) アルキル化ポリビニルピリジンブラシの種々の環境下で得られた C−H（左図）および O−H（右図）振動領域の SFG スペクトル．

の両方に活性な遷移のみがSFG活性となる．

固液界面（あるいは固気界面）でのSFG測定システムの概略を図3.20(b)に示す．溶媒（とくに水）による赤外光の吸収を避けるため，プリズムを用いる内部反射型での測定が一般的である．背面から入射した赤外および可視光は界面で全反射され，反射光に混じって出射するSFG光だけを空間的あるいはフィルター/分光器によって抽出し，光電子増倍管で検出する．

図3.20(c)はプリズム表面に構築したアルキル化ポリビニルピリジンの構造が環境に応じてどのように変化するかをSFG法で追跡した結果である[1,2,43]．C−H伸縮振動領域のSFGスペクトル（左図）より，乾燥窒素気流下ではメチル基のC−H伸縮振動が，はるかに多数存在するメチレン基のC−H伸縮振動に比べて圧倒的に強いことから，分子中のアルキル鎖はほぼオールトランスに近い構造をしていること，また水蒸気にふれるとメチレン基のC−H伸縮振動が強くなりGauche欠陥の導入が示唆されること，さらに乾燥窒素にふたたびふれるとほぼ元の構造にもどること，液体の水に接するとC−H伸縮振動の領域ではピークは観察されずアルキル鎖が完全に乱雑な構造となること，いったん水にふれたあとは乾燥窒素に戻しても元の構造に戻るのには時間がかかること，などがわかる．また，O−H伸縮振動領域（右図）からは，水蒸気にふれた場合にも表面には純水と接した場合と似た構造の水分子がかなりの量存在することがわかる．さらに，比較的低波数側の強度が強く，疎水的環境に接した場合にみられる水素結合の程度の高い水分子の割合が多いことが示された．

### 3.4.3　赤外吸収分光（IRAS）

IRASのプローブである赤外光は，上述のUV·Visのプローブ

（紫外・可視光）と同様，金属試料を薄膜化しても透過率はほとんどゼロに近いため，外部反射法が用いられており，それを赤外反射吸収分光（Infra-red Reflection Absorption Spectroscopy；IRRAS）という．IRRAS では，入射光/反射光の光路内にある気相や液相の影響が大きい（気相や液相，とくに液相に赤外吸収をもつ物質が含まれている）ため，偏光変調法が用いられ，界面選択的に分析されている．

金属界面すれすれに赤外光を入射させたとき，電場ベクトルが入射面に垂直な（試料表面に平行な）s 偏光の赤外光は反射によって位相が逆転するために，入射光の電場ベクトルと反射光の電場ベクトルが逆を向き，界面での実効的な電場ベクトルがゼロになってしまう．一方，入射面内の（試料表面に垂直な）電場ベクトルをもつ p 偏光は，入射光と反射光の位相差が非常に小さいため，電場ベクトルが強め合い，表面における実効的な電場ベクトルの垂直成分はほぼ 2 倍となる（図 3.21）[33]．

界面に吸着した化学種の振動励起に伴う吸収強度は，電場ベクトルの 2 乗に比例することから，p 偏光による吸収強度は同じ光子数に対して 4 倍となる．また，照射面積は入射角が大きいほど（表面にすれすれに入射するほど）大きくなるため，界面すれすれに入射するほど実効的に測定する表面積が大きくなる．この 2 つの要素によって，分子の振動励起による赤外光の吸収強度は大きくなり，測定感度が上がる．反射率は上述した Fresnel の式［31］で容易に計算できるため，IRRAS 測定で得たスペクトルの解析から，吸着化学種の分子構造だけでなく，その配向も解析できる．このような偏光変調を用いた IRRAS を偏光変調赤外反射吸収分光（Polarization Modulation Infra-red Reflection Absorption Spectroscopy；PM-IRRAS）という．

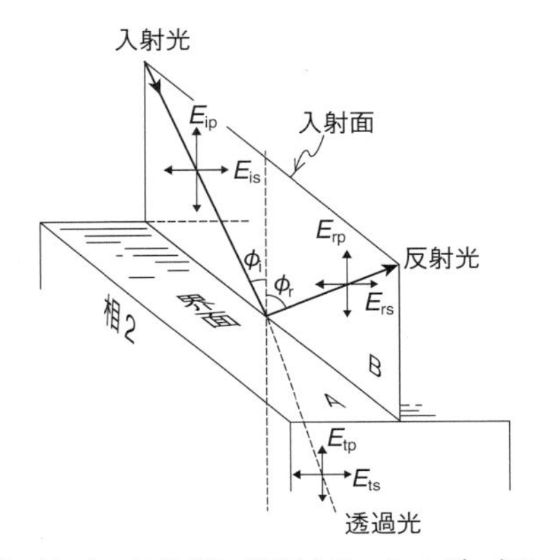


**図 3.21　金属/気体（あるいは液体）界面での p および s 偏光の入射，反射，透過ベクトルの模式図**（高村 勉（1975）『分子レベルからみた界面の電気化学』，日本化学会 編，p.170，東京大学出版会）
添字の i，r，t はそれぞれ入射光，反射光，透過光を表す．

電気化学界面においては，液相（とくに赤外吸収の大きな水）の存在のため，IRRAS 測定は困難であったが，1980 年代初期に Bewick と国松らが電気化学セルを工夫する（電極を光学窓に押しつけ溶液層の厚みを数 μm 程度とする）とともに，電位変調を用いることで大幅な感度の向上に成功した［44］のをきっかけに大きく展開されている．しかしながら電位変調法は，感度が高く溶液相の強い吸収から分離して表面吸着種のスペクトルを検出するのには優れているが，注目する化学種の吸着量や吸着状態が電位に対して非可逆的に変化するような場合には適用することは困難である．そこで，電位変調と上記の偏光変調を組み合わせたSNIFTIRS（Subtractively Normalized Interfacial FT-IR Spectroscopy）が開発されている．ただし，この方法で得られるのは差スペクトルであることに注意が必要である．図 3.22(a) は p 偏光で測定した，金表面上に構築されたフェロセニルウンデカンチオールの自己組織化単分子層（4.4.2 項参照）の SNIFTIR スペクトルである [1,2,45]．650 mV（*vs*. Ag/AgCl）より正電位側の電極電位ではフェロセン部位の酸化

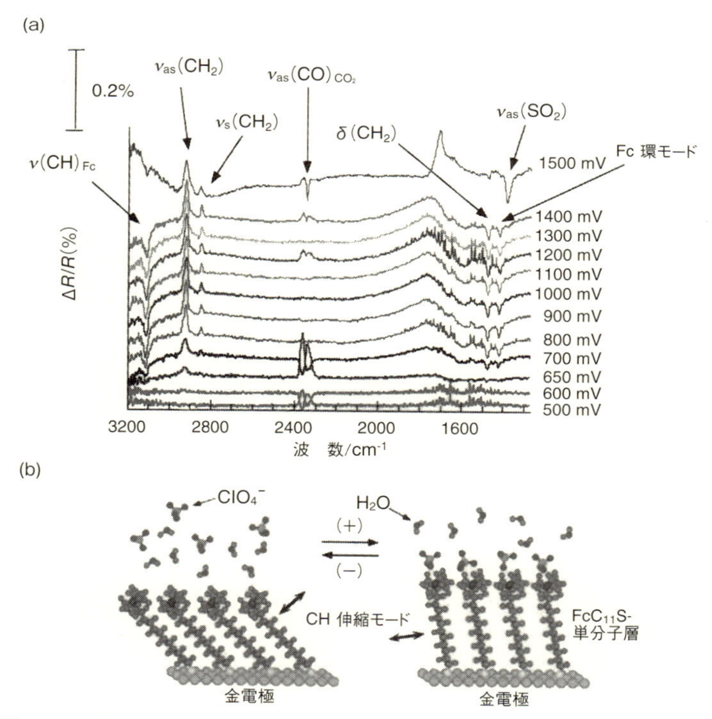


図 3.22　SNIFTIR スペクトルと電極上に形成した分子層の配向（魚崎浩平（2013）応用物理, **82**, 111）
(a) 金電極表面上のフェロセニルウンデカンチオール自己組織化単分子層の，100 mV でのスペクトルを基準とした電位依存 IRRA スペクトル（p 偏光で測定），(b) 電位に依存した自己組織化単分子層の配向モデル図.　（口絵 4 参照）

に伴って，吸収の増加を示す上向き（アルキル鎖のC−H伸縮振動）のピークがみられ，分子軸が垂直に近づいたことを示している（図3.22(b)）．

s偏光ではこれらのピークは観測されなかったことから，この挙動はあくまでも電極表面で起こっている現象であることがわかる．一方，電極電位を1.5 Vまで正電位にすると，$CO_2$のCO伸縮振動と$SO_2$の伸縮振動に帰属される下向きのピークが観測された．これらのピークはs偏光でも観測され，すなわち溶液中にもこれらの化学種が存在することがわかり，金と硫黄の結合が酸化的に切断され分子が溶液中に溶解するとともに部分的に二酸化炭素にまで酸化されていることが明らかとなった．

上記の電気化学界面におけるIRRASでは溶液層の厚さが数μmと薄く，溶液抵抗が大きいために，溶液抵抗が大きくそのため電位印加の時定数が大きい，電位が電極全体に均一にかからない，反応物や生成物の拡散が妨げられる，といった問題がある．これらのような問題を解決するために，半円筒形のプリズムを使い，電解質溶液と接する面に金属薄膜を作製して電極とする，内部反射型の全反射赤外分光（Attenuated Total Reflection Infra-red Spectroscopy；ATR-IRS）がしばしば用いられている [1,2]．赤外光はプリズム側から入射され，プリズム/溶液界面で全反射されるが，溶液側に数百nm程度滲み出し，金属/溶液界面に存在する分子に吸収される．この場合，金属薄膜の粗さや厚さを適当に制御することによって，表面増強赤外吸収（surface enhanced infra-red absorption；SEIRA）とよばれる現象が起こり，吸着分子による吸収が飛躍的に増大する．この増強効果は金属表面から数nm程度で急速に減衰するので，界面のみが選択的にかつ高感度で観測できる [46]．上記の外部反射型と同じ表面選択律が適用され，測定感度が10倍以上高く，溶液層の厚さに制限がなく，高速測定も可能であるといった多くの利点がある反面，SEIRA を示す金属はこれまで金，銀，銅などに限られていること（最近，ニッケルやパラジウム，白金でも SEIRA を示すことが報告された），構造が規定された単結晶が使えないなどという問題もあり，必要に応じて両手法を使い分ける必要がある．

### 3.4.4　ラマン分光（RS）

物質に任意の波長の可視光を照射すると，元の波長のまま弾性散乱される光（レイリー（Rayleigh）光，図 3.23(a)）のほかに，非弾性散乱効果を受けて元の光より小さなエネルギーをもつ散乱光（ストークス（Stokes）光）が検出される（図 3.23(b)）．ストークス光のエネルギーシフト量（振動数の変化）は分子振動あるいは物質結晶内の格子振動に対応していることから，このスペクトル（ラマンスペクトル）は分子種の構造解析に使われる．室温では元の光より大きなエネルギーをもつ散乱光（反ストークス光）も観測され（図 3.23(c)），これをラマンスペクトルとして測定・解析する場合

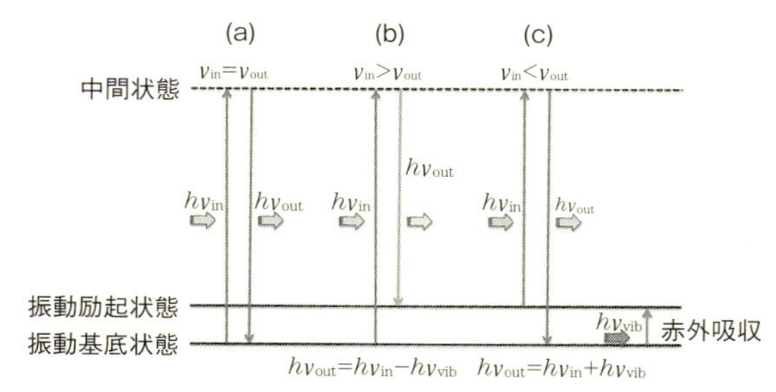


図 3.23　電子遷移のエネルギー準位の模式図
(a) レイリー散乱，(b) ストークス散乱，(c) 反ストークス散乱．

もある．

ラマンスペクトルは，上記の赤外スペクトルと基本的に同じであり分子振動に関する情報が得られるが，選択律が異なり互いに相補的な関係にある．しかも，ラマン散乱では励起光（入射光），検出光とも可視光領域にあり，赤外光をプローブ光として用いる必要がないことから，液相や気相を通しての測定が可能であり，測定環境を選ばない．ただし，ラマン散乱は有効断面積が小さく，表面吸着種の測定は困難であった．1970年代には故意に数百nmオーダーで凹凸をつくった銀電極表面上にラマン強度が非常に大きくなるという，いわゆる表面増強ラマン散乱（Surface Enhanced Raman Scattering；SERS）が発見され，表面種への振動分光法の適用が始まった [47]．しかし，SERSの対象は非常に限られており，上述のSEIRAの場合と同様，単結晶表面での測定は不可能である．

最近，金のナノ粒子を金属表面に構築した分子層上に配置することで，ラマン強度が大きく増強されること（$\sim 10^6$倍），しかもSERS不活性である金属種の試料にも適用可能であることが見出された [48]．この手法をギャップモードラマン分光法という．図3.24はPt(1 0 0）およびAu(1 0 0）表面に化学吸着させた4-クロロフェニルイソシアニド（4-chlorophenyl-isocyanide；4-CPI）分子層のラマンスペクトルである．(a）はPt(1 0 0）に4-CPI分子層を吸着後そのまま測定したものであり，ピークはいっさい観察されていない．それに対して，4-CPI分子層上に金ナノ粒子（nanoparticles；NPs）を吸着させると（b）に示すように明確なピークが観測され，SERS不活性な白金単結晶表面でも感度良くラマンスペクトルが得られることが実証されている．さらにこのスペクトルはAu(1 0 0）表面に構築した4-CPI分子層上にNPsを吸着させて得られた（c）のスペクトルとはC−N伸縮振動のピーク位置などに違

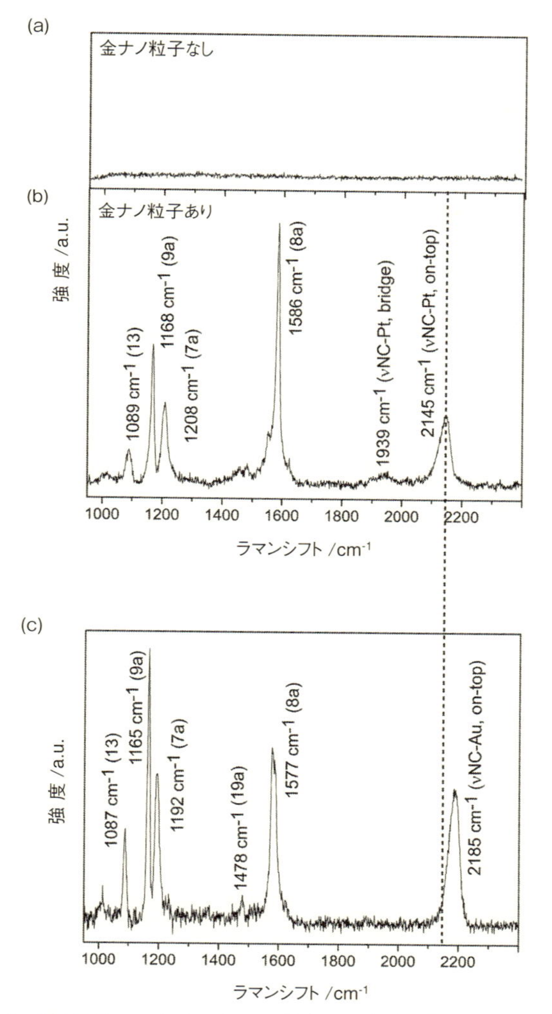


図 3.24　4-クロロフェニルイソシアニド（4-CPI）分子層のラマンスペクトル
（Ikeda, K., *et al*.（2009）*J. Phys. Chem. C*, **113**, 11819）
（a）Pt(1 0 0) 基板上に 4-CPI 分子層を吸着させただけのラマンスペクトル．（b）（a）の分子層の上に金ナノ粒子（NPs）を吸着させたもののラマンスペクトル．（c）Au(1 0 0) 基板上に 4-CPI 分子層を吸着させただけのラマンスペクトル．

いが見られ，分子の基板に依存した吸着構造に関する情報が得られている [49].

### 3.4.5　表面X線散乱（SXS）

表面X線回折（SXRD）とCTR散乱を合わせたSXSでは，X線をプローブとして用いることで金属界面の原子配列を正確に決定できる [1,2,50]. CTRも含めてSXRDとよばれることもあるが，ここでは分けて解説する.

図3.25にSXSの測定配置の簡略図を示す [50]. $\boldsymbol{k}_{\mathrm{in}}$ および $\boldsymbol{k}_{\mathrm{out}}$ は，それぞれ入射X線ベクトルおよび散乱（回折）X線ベクトルであり，$\boldsymbol{Q}\,(=\boldsymbol{k}_{\mathrm{out}}-\boldsymbol{k}_{\mathrm{in}})$ を散乱ベクトルという. 散乱X線の強度（$I(\boldsymbol{Q})$）は次式で表されるように，表面（界面）の原子配列（すなわち $\boldsymbol{Q}$）と密度に依存する.

$$I(\boldsymbol{Q})=I_{\mathrm{e}}\left|\int\rho(\boldsymbol{r})\exp(i\boldsymbol{Q}\cdot\boldsymbol{r})\,\mathrm{d}^3\boldsymbol{r}\right|^2 \tag{3.8}$$

ここで，$\rho(\boldsymbol{r})$ は表面物質の電子密度，$I_{\mathrm{e}}$ は電子1個によって回折されると計算される回折光強度である. 散乱ベクトル $\boldsymbol{Q}$ は，試料表面に対して水平成分（$\boldsymbol{Q}_{/\!/}$）と垂直成分（$\boldsymbol{Q}_{\perp}$）に分けられるため，$\boldsymbol{Q}_{/\!/}$ に対する回折光強度分布（SXRDプロファイル）から表面の二次元原子配列が，$\boldsymbol{Q}_{\perp}$ に対する回折光強度分布（CTR）から界面の三次元構造（主として深さ方向の原子配列）がわかる. SXRDとCTRの両者を併用することで，界面の三次元原子配列が0.01 nmオーダーで正確に決定できる. 通常のX線管球を光源とすると強度が足りないことが多々あり，後述のXASと同様，シンクロトロン放射光 [51] を光源として用いることが多い. X線はほとんど相互作用せずに気相や液相を透過するため，SXSは大気中や溶液中（すなわち電気化学界面）にも適用されている. ここでは，両手法について概説する．

(1) 表面X線回折（SXRD）

三次元結晶の構造解析で利用されている一般のXRDでは，全反射の臨界角以上の入射角でX線を入射するため，X線は試料内部まで侵入する．したがって，回折角（$\theta$）に対する回折光の強度分布は，結晶内部のバルク構造を反映している．一方，SXRDでは表面だけの情報を得る目的で，X線を入射角数mrad以下（すなわち臨界角以下）で試料表面に入射する．この場合X線は，0.10〜10 nm程度までしかしみ込まずX線のほとんどが鏡面反射されてしまうが，表面に二次元構造が存在する場合にはしみ込んだX線のごく一部が表面すれすれに回折される．図3.25で，$\boldsymbol{k}_{\mathrm{in}}$および$\boldsymbol{k}_{\mathrm{out}}$の

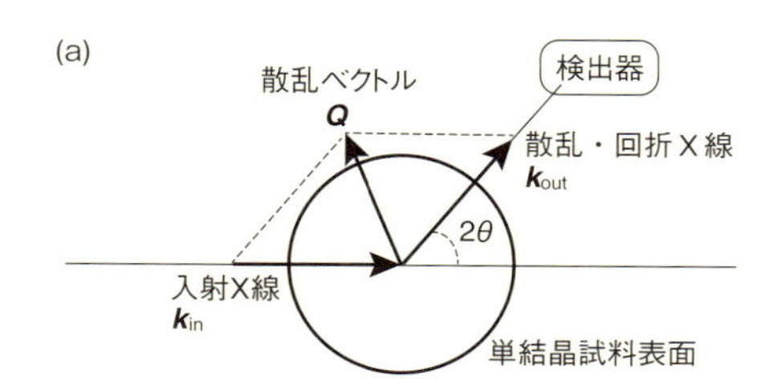


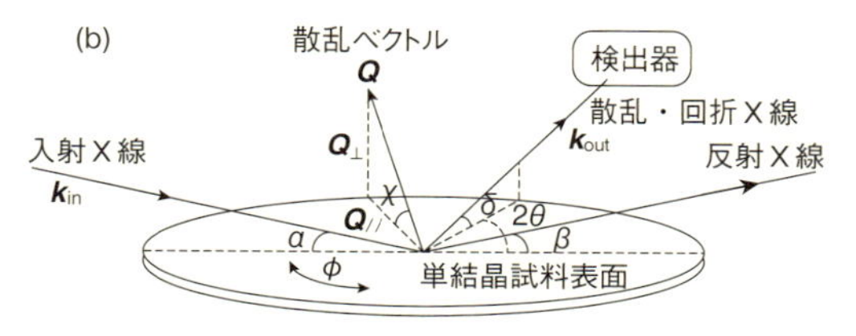


図3.25　SXSの測定配置図（近藤敏啓，魚崎浩平（1995）表面, **33**, 587）
(a) 真上より，(b) 斜め上方よりディスク状試料を見たときの図．

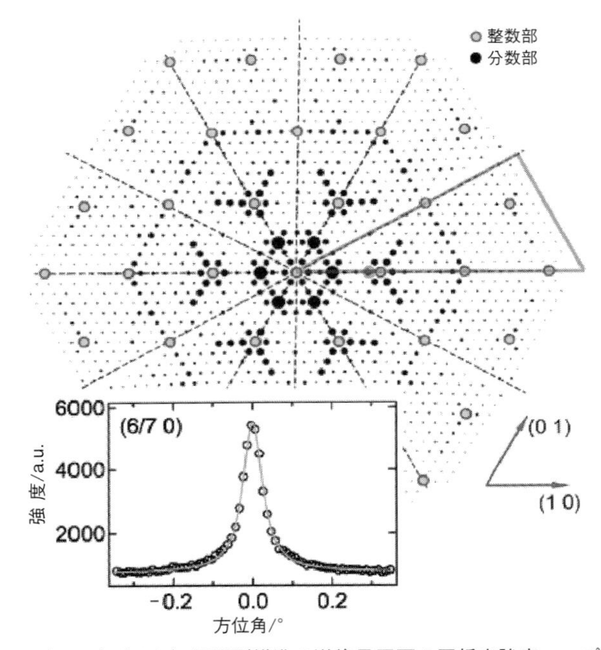


図 3.26　Si(1 1 1)-(7×7) 再配列構造の逆格子平面の回折光強度マップと，図中赤丸で示した回折点（6/7 0）における SXRD プロファイル（田尻寛男，高橋敏男（2009）放射光, **22**, 133）
マップ中の黒丸，グレーの丸は表面の再配列構造および基板バルクからの回折点を表し，それぞれの丸の大きさは回折光強度を表す．右の三角形で囲んだ部分は，回折光の面内対称性を表しており，6 回対称であることがわかる．

強度は X 線の波長 $\lambda$ を用いて，

$$|\boldsymbol{k}_{\mathrm{in}}| = |\boldsymbol{k}_{\mathrm{out}}| = \frac{2\pi}{\lambda} \tag{3.9}$$

と表せる．一方，$\boldsymbol{Q}_{/\!/}$ は $\theta$ を用いて，

$$|\boldsymbol{Q}_{/\!/}| = \frac{4\pi}{\lambda \sin\theta} \tag{3.10}$$

と表せるので，ブラッグ（Bragg）の条件（$2d \sin\theta = n\lambda$，$d$ は表面の原子列間隔，$n$ は 1 以上の整数）から，

$$|\boldsymbol{Q}_{/\!/}| = \frac{2\pi}{d} \tag{3.11}$$

となり，入射 X 線のエネルギー（波長）によらず直接 $d$ を決定できる．したがって，回折 X 線のピーク位置（$\boldsymbol{Q}_{/\!/}$）から表面の原子列の方向とその間隔，すなわち表面の二次元原子配列を決定できることになる．

例として，Si(1 1 1)-(7×7) 再配列構造の図 3.26 に SXRD プロファイルを示す [52]．試料表面すれすれに X 線を入射し，図 3.26 の Si(1 1 1)-(7×7) の逆格子平面の中黒の二重丸で示した (6/7 0) 回折点付近を，下地 Si(1 1 1) 基板の最近接原子配列の方向に沿って細かくスキャンすると，回折点にのみピークが観測されている．

### (2) CTR

平坦な表面からの散乱/回折は“逆格子ロッド”という概念を用いて表せる [50, 52–54]．図 3.27 のように結晶全体を，単位格子ベクトル $\boldsymbol{a}$，$\boldsymbol{b}$，$\boldsymbol{c}$ で囲まれた単位胞が表面と平行な $\boldsymbol{a}$，$\boldsymbol{b}$ 方向と表面に垂直な $\boldsymbol{c}$ 方向に無限個並んだものとして考え，ここに X 線を入射したときの回折条件を考えてみよう．面内方向では単位胞が無限に広がる二次元周期で並んでいるので，単位格子ベクトル $\boldsymbol{a}$，$\boldsymbol{b}$，$\boldsymbol{c}$ から計算される基本逆格子ベクトル $\boldsymbol{a}^*$，$\boldsymbol{b}^*$，$\boldsymbol{c}^*$ を使うと，任意の整数の組（$H\ K$）に対して，

$$\boldsymbol{q} = H\boldsymbol{a}^* + K\boldsymbol{b}^* \tag{3.12}$$

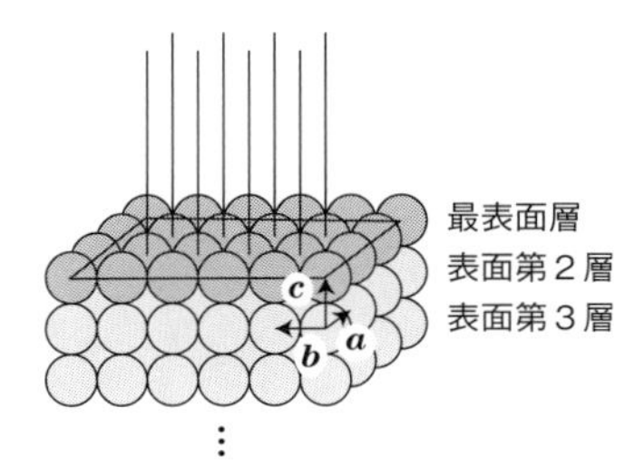


図3.27　半無限結晶の模式図（高橋正光（2004）*Electrochemistry*, **72**, 129）
表面の存在によって，c軸方向には周期性が失われているために，表面に垂直なロッド状の散乱強度が観測される.

を満たす方向にのみ回折される（上述のSXRDプロファイルのピーク位置に相当する）ことになる．これに対し，垂直方向（$\boldsymbol{c}^*$方向）には表面（界面）が存在し，そこで周期性が途切れているため，垂直方向に対してだけは周期性に由来する回折条件がなくなり，つねに散乱が生じる．つまり，表面の存在によって二次元的に規則正しく配列した表面に伸びる“ロッド”（$\boldsymbol{c}^*$方向）に沿った回折強度分布が観測されることになる．これを逆格子ロッドといい，表面が切断されているために生じる散乱のため，この現象はCTR（crystal truncation rod）散乱とよばれている［50, 52–54］．一つひとつのロッドを二次元面内を表す$H$と$K$の組を用いて（$H\ K$）ロッドといい，各ロッド上の位置は$|\boldsymbol{c}^*|$を単位とした連続量$L$（図3.25の$\boldsymbol{Q}_\perp$に相当する）を用いて表される．散乱光強度の$\boldsymbol{Q}_\perp$に対する依存性は，完全に平滑な表面では，

$$|\mathrm{F}(\boldsymbol{Q}_\perp)|^2 = \frac{N_{\mathrm{a}}{}^2\,N_{\mathrm{b}}{}^2}{\{2\sin^2((1/2)\boldsymbol{Q}_\perp)\}} \tag{3.13}$$

と表せる．ここで，$N_{\mathrm{a}}$および$N_{\mathrm{b}}$は$\boldsymbol{a}$方向および$\boldsymbol{b}$方向（表面内）の単位格子の数である．図3.28にCTR散乱の例を示す［52］．破

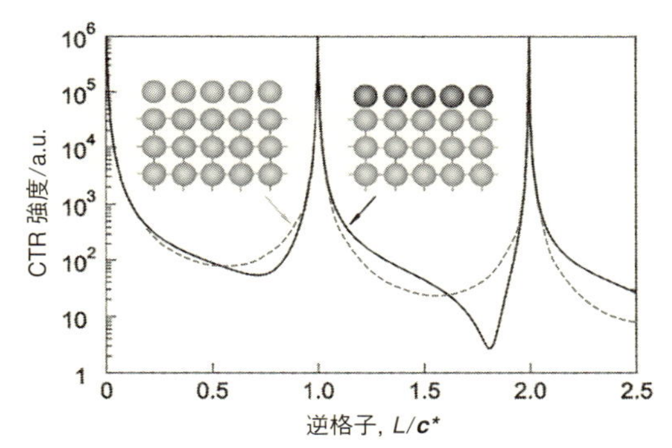


図 3.28　式（3.12）を用いて計算した CTR 散乱曲線の例（田尻寛男，高橋敏男（2009）放射光, **22**, 133）

破線は左のモデル図のように表面第 1 層目がバルクとまったく同じ配列をしているものとして計算した場合，実線は右のモデル図のように表面第 1 層目と表面第 2 層目の面間隔がバルクより 7% 縮んだものとして計算した場合である．

線は，試料表面がバルクとまったく同じ配列であると計算された場合で，一方実線は表面第 1 層目と第 2 層目の面間隔がバルクより 7 % 減少したとして計算したものである．CTR では元素に見立てた散乱断面積をもつ質点を配置したモデルをたて，(3.13) 式を使って計算した結果によって実際の測定データとをフィッティングすることで，精密な金属界面構造を決定する．

上記の SXRD，CTR 両手法を電気化学系に適用した先駆者の一人である米国の Ocko らは，前述の SHG（3.4.2(1)項）で紹介し，後述の STM（3.5.1(1)項）の項でも説明する，Au(1 1 1) 単結晶電極表面の再配列構造（($\sqrt{3}\times 23$) 構造）とその再配列構造が緩和した (1×1) 構造との間の構造変化について，SXS によりはじめて定量的に観測することに成功した [55]．彼らの表面構造変化の電位依存性の結果は，内外に大きなインパクトを与えた．

### 3.4.6　X線吸収分光（XAS）

古く（～1920年代）から幾何構造解析および電子構造解析に適用されているXASはX線のエネルギーを連続的に変化させて試料に照射し，X線の吸収量を測定する吸収分光法である．しかし，研究室レベルで用いられているX線管球では吸収分光を行うための広いエネルギー領域のX線が得られないため，実験は困難であったが，広いエネルギー範囲のX線源である放射光［51］が利用できるようになった1980年代からXASが広く使用されるようになった．その後急速に広がって今では表面科学の分野ではなくてはならない分析法のひとつとなっている［1,2,22,56］．

X線のエネルギーを連続的に増加させながら試料に入射した場合，内殻電子の束縛エネルギー（このエネルギーを吸収端という）を超えると内殻電子は非占有電子状態にまで励起され，X線の吸収が起こる．この励起は1つの原子内で起こるため，試料を構成する原子の非占有電子状態に関する情報が得られる．励起過程において励起電子は励起された原子の周りの原子による散乱の影響を受ける．その局所的な影響によって，スペクトルの吸収端から50 eVほど高エネルギー側から約1000 eVにわたって微細構造が現れる．これを拡張X線吸収微細構造（Extended X-ray Absorption Fine Structure；EXAFS）とよび，注目している原子の局所構造を調べる方法として利用されている．一方，スペクトルの吸収端近傍の微細構造をX線吸収端近傍微細構造（X-ray Absorption Near-Edge Structure；XANES）という［56］．これらの細かいピークの解析はおもに，電子構造既知の標準試料との比較や理論計算に頼っているのが現状であったが，最近ではスペクトルに関する理論計算技術が進歩し，計算結果と測定したスペクトルとがよく一致するようになってきた．

### (1) X線吸収端近傍構造 (XANES)

XANESを説明するための例として，チタン酸化物のTi L-edgeとO K-edgeのスペクトルを図3.29に示す[57]．Ti L-edgeのXANESスペクトルにはTi 2pからTi 3dへの電子遷移が反映されており，チタンの価数+2，+3，+4による電子状態の変化が現れている．それと同時にO K-edgeのXANESスペクトル（O 1sからO 2pへの遷移を表す）にも，吸収端のエネルギーおよび吸収ピークの形状に，試料の電子構造による違いが見てとれる．

X線の吸収強度は，入射X線の偏光方向に依存するため，吸収強度の入射角依存性からその遷移の方向，すなわち金属界面の幾何構造や吸着分子の配向に関する情報も得られる．例として，水素を吸着させたNi(1 0 0) 表面にさらに一酸化炭素を吸着させた表面の

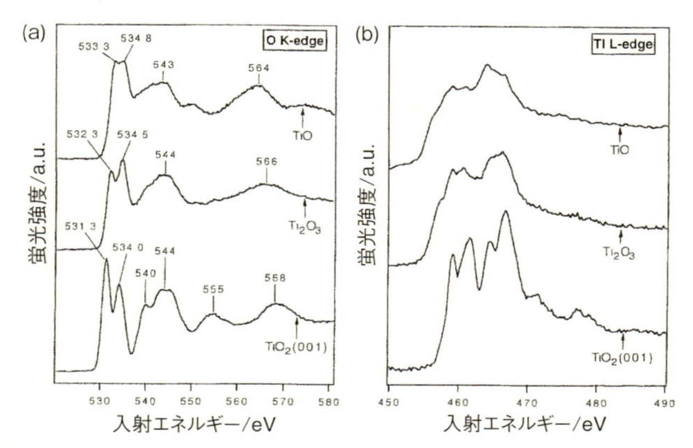


図3.29 種々のチタンの酸化物のXANESスペクトル（Lusvardi, V. S., *et al.* (1998) *Surf. Sci.*, **397**, 241）

(a) O K-edge, (b) Ti L-edge. それぞれ上からTiO多結晶，$Ti_2O_3$多結晶，$TiO_2$ (0 0 1) 単結晶.

O–K吸収端のXANESスペクトルを図3.30に示す［58］．このとき，入射X線の偏光ベクトルは入射面に対して平行（試料表面に対して垂直）としている．

図中の534 eVおよび548 eVのピークは，それぞれO 1s軌道からO $2p_{\pi}$およびO $2p_{\sigma}$軌道への電子遷移に相当する吸収ピークである．照射するX線の入射角が20°の場合と90°の場合を比較すると，前者ではO $2p_{\pi}$への電子遷移による吸収強度がO $2p_{\sigma}$へのそれに比べて強いのに対し，後者ではそれが逆転している．この結果は一酸化炭素がNi(1 0 0）表面にほぼ垂直に近い配向をとって吸着していることを反映している．これは，XANESが金属界面の電子構造分析だけでなく，金属界面に吸着した分子の配向をも評価できることを表している．図3.30中のNEXAFSとは，Near-Edge X-ray Absorption Fine Structure（吸収端近傍X線微細構造）の略であり，表面に吸着した分子種が低原子量の（すなわち吸収エネルギーが比較的小さな）原子からなる有機分子の場合によく用いられる用語であるが，XANESと同義語である．

### (2) 拡張X線吸収微細構造（EXAFS）

上述したようにX線吸収スペクトルの吸収端から50～1000 eVほど高エネルギー側に現れる振動構造（EXAFS）には，調べようとしている対象原子の周囲の原子からの影響が含まれている［56］．長周期的に原子が配列していなくてもこの現象が観測されるため，前述のLEEDやSXSでは調べることができない金属界面，たとえば多結晶やアモルファス結晶，超微粒子などにおいても，対象原子との最近接原子間距離を求めることができる．また，EXAFSスペクトルには原子間距離のほか，対応する近隣原子の元素種やそれとの配位数などの情報も含まれており，振動構造をフー

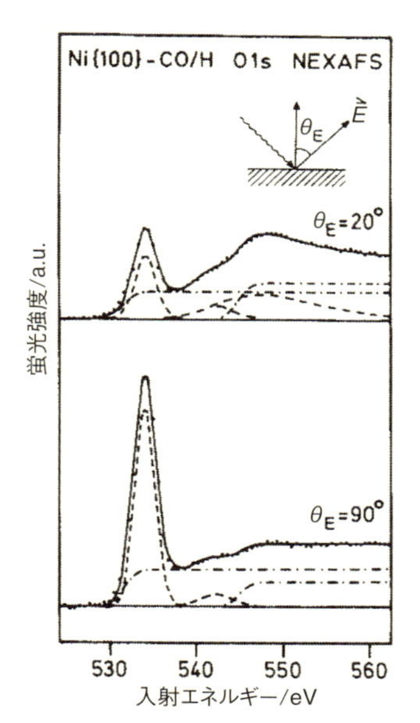


図 3.30 水素吸着 Ni(1 0 0) 表面に一酸化炭素を吸着させた試料の O K-edge の XANES スペクトル（Kulkarni, S. K., *et al.*（1991）*Surf. Sci.*, **259**, 73）
出射角を 20°（上図）および 90°（下図）としたときのもの.

リエ変換して詳細に解析することで，対象原子種周りの局所構造を高い空間分解能（<0.1 nm）で求めることが可能である.

図 3.31 に例として Ni(1 0 0) 面に吸着した硫黄の c(2×2) 構造における S K-edge スペクトルを示す [59]. 図 3.31(a) の上の図が測定された生の吸収スペクトルであり，下の図は EXAFS（振動）部分からバックグラウンドを差し引いたものを拡大したものである. これをフーリエ変換すると，図 3.31(b) のように，横軸に対象原子（この場合硫黄原子）からの距離を，縦軸に干渉頻度をとっ

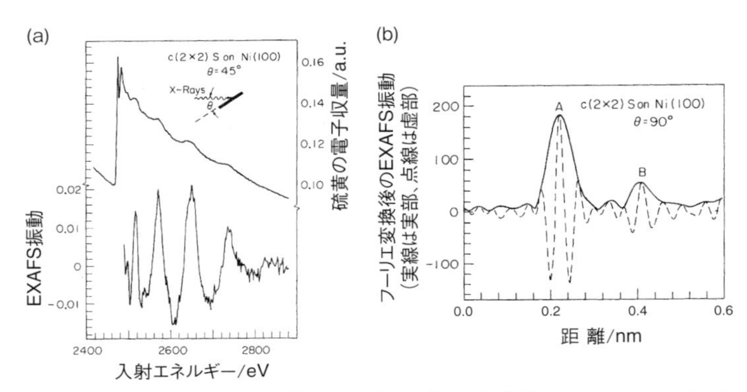


図 3.31　Ni(1 0 0) 表面に吸着した硫黄の c(2×2) 構造の S K-edge の EXAFS スペクトル（Brennan, S., *et al*.（1981）*Phys. Rev. B*, **24**, 4872）
(a) 入射角45°で測定したときのEXAFSスペクトル（上）とEXAFS振動部のバックグラウンド補正後の拡大図（下）.（b）入射角90°で測定したときのフーリエ変換EXAFSスペクトル.

たグラフが得られる．図中のAのピーク位置は硫黄原子に最も近いニッケル原子からの距離を，Bのピーク位置は2番目に近いニッケル原子からの距離を表しており，S−Niの最近接原子間距離は約0.223 nmで，バルクのそれより0.016 nm短いことを示している．このように，金属界面を原子レベルで観察するとバルクとは異なることが非常に多く，金属界面の反応性の高さを表しているとともに，多くの化学反応において，反応機構を解明する重要な情報が含まれている．

## 3.5　その他をプローブとした金属界面計測

### 3.5.1　走査型プローブ顕微鏡（SPM）

1982年にBinningとRohrerによってSTMが発明されて以来，真空環境を必要とする電子線以外のものをプローブとすることで，真空中だけでなく大気中や溶液中でも nm 以下の高い空間分解能で実空間における試料表面の幾何構造が直接観察できるようになった [1,2,60]．本項では代表的な SPM である，STM および AFM について概説する．

### (1) 走査型トンネル顕微鏡（STM）

2つの金属（探針と試料）に数 mV の電位差を与え，それらの間隔をナノメートルオーダーまで近づけると，接触していないにもかかわらず電流が流れ出す．これはトンネル効果によるもので，物質表面の電子の波導関数がわずかに滲み出していることから起こる現象である．このとき流れた電流をトンネル電流という．STM は，試料と探針との間に流れるトンネル電流が一定となるよう試料表面を探針が走査することで，試料表面の構造や電子状態についての情報を原子分解能で得られる顕微鏡である．トンネル電流 $J_T$ は以下のように簡単に表すことができる．

$$J_T \propto \exp(-10.25\, d\sqrt{\phi}) \tag{3.13}$$

ここで，$d$ は探針と試料との間隔（単位は nm），$\phi$ は探針と試料それぞれの仕事関数の平均である．一般的な金属では仕事関数は 1〜5 eV であるため，上式より探針と試料の間隔が 0.1 nm 狭まると $J_T$ は約 1 桁増大することがわかる．この $J_T$ の大きな距離依存性により，STM は高い空間分解能をもつ．電圧を印加することによって伸び縮みし，10 pm 程度の位置精度をもつピエゾ素子とよばれる圧電素子をスキャナとして用いているため，トンネル電流が一定になるように試料–探針間の距離を調節しながら探針で試料表面を走査し，原子分解能像を得ることができる．これにより金属界面の幾何構造が直接観察できるといわれているが，実際には探針と試料の距離だけでなく，それぞれの電子状態に依存するため，STM像の詳細な解析をする場合には注意が必要である．

探針と試料との距離を一定に保ちながら探針を水平方向に走査すると，試料の凹凸に対して探針と試料の間に流れるトンネル電流が変化する．このトンネル電流の値を，探針を走査した位置の関数として記録すると，試料表面の凹凸のSTM像が得られる．この方式を一定高さモードという．しかし，一定高さモードでは，試料表面がある程度平坦でない場合には探針と試料とが接触してしまうおそれがある．したがって，トンネル電流を一定に保つよう，探針の高さを調節しながら（これをフィードバック機構という）走査し，探針の高さを直接位置の関数として記録する一定電流モードを用いる場合がある．実際の測定では，まず一定電流モードで広い範囲を走査してから，平坦な部分を見つけ，その範囲のみ一定高さモードで走査して原子分解能像を得るのが一般的である．

前述したSi(1 1 1)−(7×7) 再配列構造は1959年にこの特異な原子配置が見出されて以来 [61]，長年にわたって詳細な原子配列に関する議論が続いていたが，STMによって解決したことは有名である [62]．

真空中や大気中（気相中），絶縁液体中のSTM測定では，上述したように試料と探針との間にバイアスをかけ，その結果流れるトンネル電流が一定となるように探針を上下させながら試料表面の凹凸像を得るが，このままでは電解質溶液中（電気化学系）で測定することはできない．試料と探針のみを溶液中に設置してバイアスをかけるということは，二電極系で電気化学測定を行うことであり，試料の電極電位を規制することができないからである．また，このようなシステムでは探針が対極としてはたらくので，試料表面での電気化学反応に伴って流れた電流（ファラデー電流）と同じだけの電流が探針にも流れてしまう．通常ファラデー電流はトンネル電流よりもはるかに大きいため，一定電流モードで設定されたトンネル電流よりも大きな電流が探針に流れ，フィードバック回路のはたらきで探針が試料から離れた状態となり，STM 測定がまったく不可能となってしまう．しかも電極反応の結果，試料のみならず探針まで化学変化してしまうこともある．したがって，電気化学活性種を含む電解質溶液中での金属表面（金属/液体界面）の STM 測定のためには，電気化学セル中に試料と探針のほかに参照極と対極を設け（図 3.32(a)），探針と試料（作用極）の電位をそれぞれ独立に制御し，試料上では所望の電極反応が起こるが，探針上では電気化学反応が起こらないようにする必要がある [1, 2, 60, 63]．このとき，

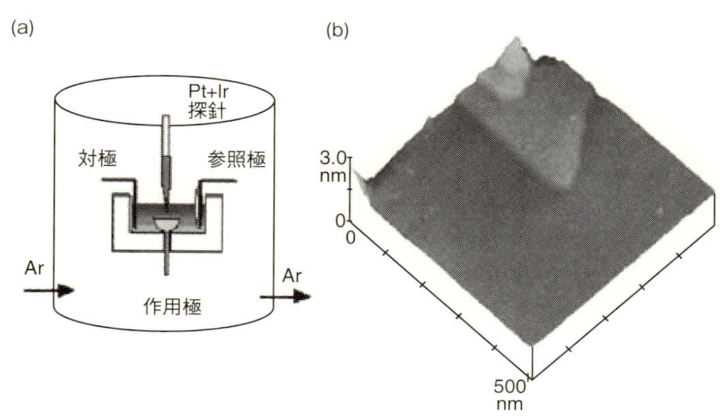


図 3.32　電気化学 STM セルとその STM 像の例（魚崎浩平（2013）応用物理, **82**, 107）

(a) 電気化学 STM 用セルの配置, (b) 50 mmol L$^{-1}$ 硫酸水溶液中, 電位制御下（0.95 V（*vs.* Ag / AgCl））で測定した Au(111) 電極表面の STM 像.（口絵２参照）

ファラデー電流は試料と対極との間のみに流れ，試料と探針との間にはトンネル電流のみが流れることになる．探針としては用いる電解質溶液中で安定な材料を選ばなければならず，先端の微小部分以外を絶縁性の樹脂やガラスで被覆することにより溶液に触れる部分をできるだけ小さくしなければならない．

図3.32(b)は硫酸電解質溶液中，電位制御下で測定したAu(1 1 1)電極表面のSTM像である．0.95 V（*vs.* Ag/AgCl）で測定した500 nm四方のSTM像では原子レベルで平坦なテラスと60°で交わる単原子高さのステップが観察され（図3.32(b)），テラス部分を10 nm四方に拡大すると（1×1）構造を反映した約0.29 nmの間隔で六方最密に配列した金原子一つひとつが見られる（図2.13参照）[64]．電極電位をそれより負電位側の−0.2 Vにすると，上の3.4.2 (1) 項で紹介したような表面金原子の（$\sqrt{3}$×23）構造への再配列が起こったことを示すヘリンボーンが観察できる（2.3.1項，図2.13(b)，3.4.2(1) 項参照）[65]．

STMではトンネル電流がバイアス電圧に応じた試料の電子状態を反映することから，探針の位置を固定してバイアス電圧を変化させたときのトンネル電流を記録すると，試料表面の電子状態に対応したスペクトルが得られる．これを走査型トンネル分光（STS）とよび，上述したように金属表面の電子状態の評価法のひとつとして用いられている．

### (2) 原子間力顕微鏡（AFM）

上記のSTMでは，探針と試料との間に流れるトンネル電流をプローブとするため，絶縁体はもちろん，金属でも表面に厚い酸化物層や有機分子の吸着層などの絶縁層が形成されると測定を行うことができず，また半導体表面も逆バイアス下では空間電荷層のために観察できない．これに対して，探針と試料との間の原子間力をプローブとするAFMは，STMと同様に高い空間分解能をもちながらも，試料の電導性による制限を受けない［1,2,22,60］．また，試料表面での電気化学反応によってまったく影響されないこともSTMに比べて有利な点であり，1986年にSTMの開発者でもあるBinnigらによって開発され，1990年代初頭より金属界面のみならず半導体表面や絶縁物質層にも適用されてきた［60］．

AFMでは，カンチレバーとよばれる先端に探針が付いた小さなテコを用いて，試料と探針との間にはたらく斥力あるいは引力を測定する．図3.33に，最も基本的なコンタクトモード法で測定するときの模式図を示す［1,2,22,60］．探針を試料表面に押し付けると探針の先端と試料表面との間にはたらく斥力に比例してテコが反り，テコの探針が付いている面とは反対側の面に集光させたレーザー光の反射方向がずれる．どのくらいテコが反ったのか（どのくらいの斥力（原子間力）が試料と探針との間にはたらいたのか）を，光検出器で検知した反射光の位置のずれから見積もることがで

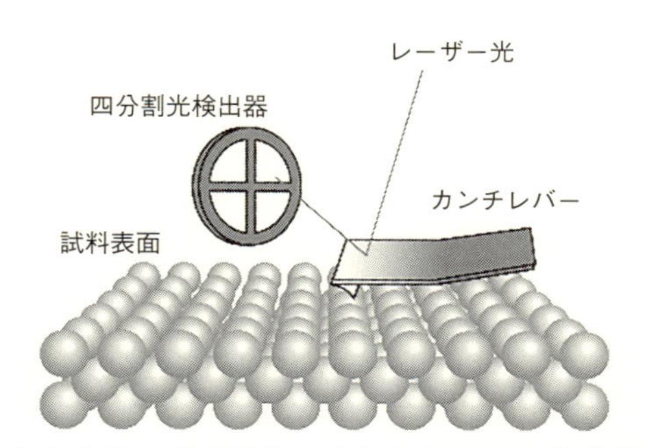


図3.33　コンタクトモードで測定するときのAFMの模式図（岩澤康裕ら（2010）『ベーシック表面化学』，p. 239，化学同人）

きる．斥力が一定になるように試料表面を走査すれば，表面の凹凸に反映した像が得られる．コンタクトモード法の場合，バネ定数の小さいテコほど同じ斥力での反りが大きくなり感度が高くなる．

測定に用いる力を減らして試料に与えるダメージを減らすために近年主流となっているのが，タッピングモード法である．この測定方式では，カンチレバーを特定の振動数で振動させ，試料と探針を間欠的に接触させることで，実効的な力を減らし，試料表面へのダメージも減らすことが可能である．上述した圧電素子を用いてカンチレバーを外部から振動させ，その動きをレーザー光の反射光の位置から検出することで試料表面の凹凸が得られる．コンタクトモード法とは異なり，比較的バネ定数の大きなカンチレバーが用いられる．さらに探針を試料表面へまったく接触させずに測定するノンコンタクトモード法が1996年に開発され，原子分解能像が得られるAFMとして用いられている．ノンコンタクトモード法では，つねに共振周波数でカンチレバーが振動するように調整しながら，共振周波数の変化を測定する．タッピングモード法よりさらに微小な力を検出するため，バネ定数がかなり大きなカンチレバーが用いられるが，試料へのダメージはほとんどない．

図3.34(a) は，比較的高温（1073～1273 K）で熱処理して作製した$TiO_2$(0 1 1) 面を，ノンコンタクトモードで測定したAFM像である [66]．Pangらは$TiO_2$(0 1 1) 表面の再配列構造をAFMとSTMによって詳細に調べ，(2×1) 再配列構造に加え，2種類の(4×1) 構造および2種類の (6×1) 構造が存在することを明らかにした．

2000年代になると，試料を動かすスキャナやフィードバック回路などの高速化と探針の微小化が進み，AFMの走査速度が飛躍的に上がり，1つのAFM像を測定するのに1 sもかからない高速AFM

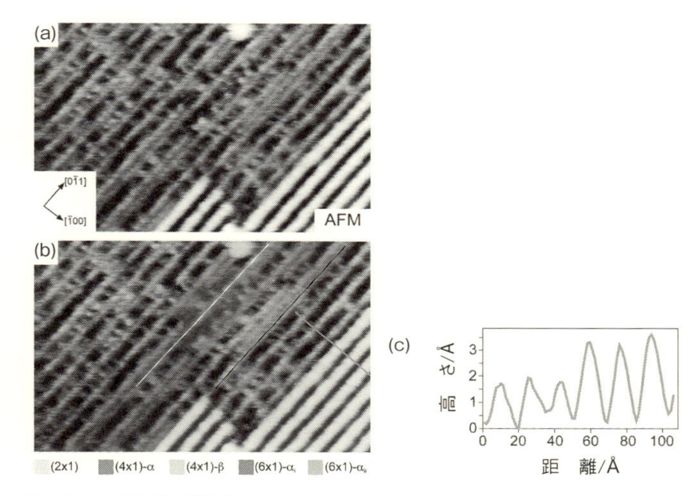


**図 3.34　AFM 像の例**（Pang, C. L., *et al.*（2014）*J. Phys. Chem. C*, **118**, 23169）（a）1073〜1273 K で熱処理した $TiO_2$(0 1 1）表面のノンコンタクトモード AFM 像．（b）（a）の各再配列構造部を濃淡で示す．黒線と白線はチタン原子列の道標として描いた線．（c）（b）の右側の直線部分の断面プロファイル．

装置が市販されるようになった [67]．この高速 AFM は電気伝導性をもたない試料表面も観測できるという AFM の利点を活かし，主に生体試料の動的挙動観察に応用されている [68]．

### 3.5.2　二次イオン質量分析（SIMS）

SIMS は，イオンビーム（一次イオン）の照射によって固体表面から放出される粒子のうちイオン化した粒子（二次イオン）を質量分析計で検出する表面分析法である [23, 69, 70]．1960 年代から実用化され，金属界面に対しても広く使われるようになった．これまで SIMS は，固体試料表面および表面近傍の微量不純物の検出や化学構造の解明などに用いられてきたが，最近では二次イオン像によって試料の二次元マッピングや，後述するスパッタリング（4.3.1 項参照）などを併用した三次元的な化学種の分布観察が可能となってきた．以下に一次イオンの照射量を制限しないダイナミック SIMS（Dynamic SIMS；DSIMS）の条件で得られる代表的な情報をあげる．

① 水素からウランまでの全元素およびそれらの同位体の質量スペクトル
② 多くの元素に対して ppm～ppb の範囲で定量可能
③ 表面から数十 μm の深さまでの微量元素の濃度分布
④ 元素の二次元的および三次元的濃度分布

また，一次イオンの照射量を $10^{12}$ cm$^{-2}$ 以下としたスタティック SIMS（Static SIMS；SSIMS）の条件では，吸着分子の分子構造に関する情報が得られ，さらに最近では一次イオンとして $Ar_n$（$n$ は数千）などのガスクラスターイオン（gas cluster ion；GCI）を用いることでスパッタリングによる試料（とくに有機化合物）のダメージを低減し，ある特定の化合物の二次元的および三次元的な分布情報を得ることも可能となってきた．

SIMS において重要なイオンと固体との相互作用によって生じる現象としては，おもにスパッタリングと二次イオン生成過程があげられる．イオンと固体表面の衝突で生じる代表的な現象であるスパッタリングは，対象元素，イオン照射条件，酸素存在下であるかどうか，など測定条件や雰囲気によって大きく変化する．また，計測される二次イオンの強度が表面の化学状態に依存するため，定量情報を得るためには化学状態と二次イオン収率との関係を明らかにする必要があり，計測される二次イオンの生成過程の解明も必須である．

リチウムを3 ppm，マグネシウムを70 ppm含む99.2% アルミニウム箔表面の熱処理前後のSIMSスペクトルを，図3.35に例として示す［71,72］．マグネシウムとリチウムの濃度に熱処理前後で差があるのは，熱処理時にリチウムは空気/酸化被膜（酸化アルミニウム）界面で直接的に酸化されるために表面近傍に集まるのに対し，マグネシウムは酸化アルミニウム/アルミニウム界面でアルミニウムに還元されるために最表面からより深い位置に集まることによることが，深さ分析の結果から推測されている．

SIMSは，質量分析器の進歩に従って開発が進んできた．DSIMSでは$O_2^+$や$Cs^+$を一次イオンとし，それぞれ正，負の二次イオンを四重極型やセクター磁場型の質量分析計を用いて分析するのが一般的であり，二次イオンの質量スペクトルおよび深さ方向の分解能の高いデプスプロファイルの測定が可能である．このDSIMSでは，強度の大きな一次イオンビームを試料に照射することと速いスパッタリングによって破壊的ではあるが深さ方向の分析を実現している．そのためDSIMSは，半導体材料，岩石や隕石のような無機試料中の微量物質や同位体分析によく用いられている．一方SSIMSでは，飛行時間型質量分析（Time-of-Flight Mass Spectroscopy；TOF-MS）計を用いたSIMS（TOF-SIMS，飛行時間型二次イオン質量分析）が使用されるようになって，大きく進化した．もともとTOF-SIMSでは，一次イオンビームをパルス的に試料に照射することによって，試料を非破壊的に測定でき，高い質量分解能と広い質量範囲で全二次イオンを同時に測定できるのが特徴であったが，微細な収束ビームが得られる液体金属イオン（$Bi_n^+$や$Ga^+$など）を一次イオン（シングルビーム）として用いることによって数百nmの位置分解能で二次イオン像の観察が可能になった．さらにスパッタ専用のイオン源を併用すること（デュアルビーム）でDSIMSの目

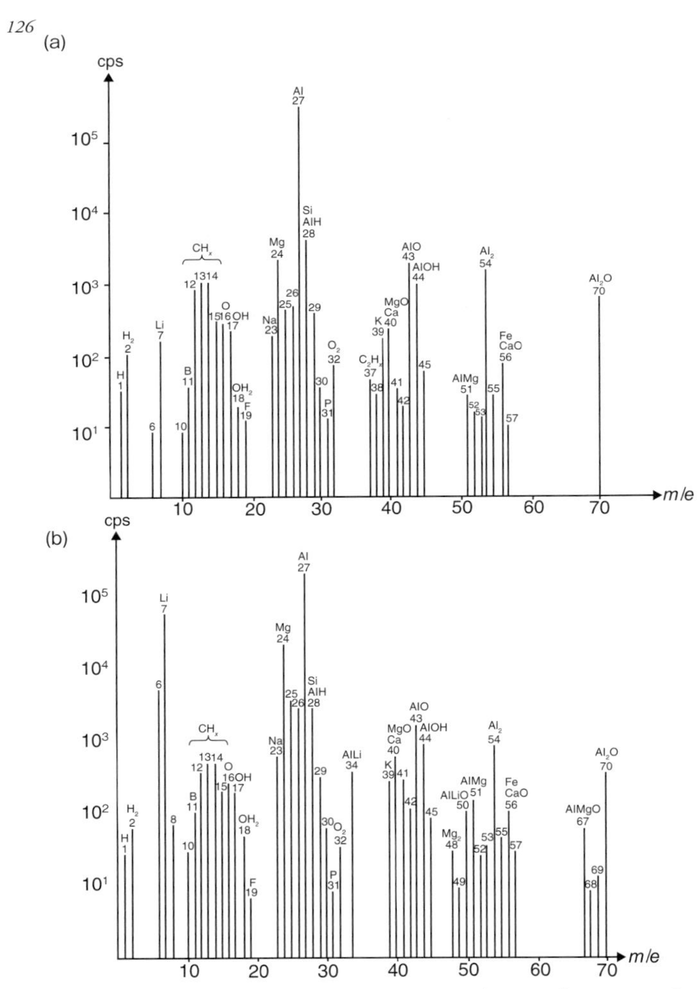


図 3.35　リチウム 3 ppm，マグネシウム 70 ppm を含む 99.2% アルミニウム箔の SIMS スペクトル（Textor, M., Grauer, R.（1983）*Corrosion Sci*., **23**, 44, 45）

（a）熱処理前，（b）熱処理後．

的にも使用されるようになり，前述のGCI技術もそのひとつである．そのため現在では，TOF-SIMSは金属界面のみならず，有機分子や高分子，バイオ材料の分析にまで用いられている．

また関連する手法として，SIMSのようにイオンを照射するのではなく，電界あるいはレーザー照射によって試料中の原子をイオン化するアトムプローブ法も利用されている．

## 3.6　金属界面の総合的解析

上述したように，金属界面での現象を厳密に理解し，制御するためには，界面の幾何構造，電子構造，分子構造，さらには界面層の質量や厚みなどの情報を原子や分子の分解能で，しかも現象が起こっているその場で得る必要がある．これまで述べてきた手法はおのおの一長一短があり，各手法の特徴を活かし，いくつかの手法を組み合わせて，界面現象を総合的に理解する必要がある．金属界面の幾何構造については，電子顕微鏡（SEMおよびTEM）は直感的な情報を与え，また電子線回折，とくに低速（低エネルギー）の電子線を用いたLEEDは単結晶金属界面の周期構造に関する厳密な情報を与える．しかし，これらの手法は真空環境下でのみ適用可能であり，実環境での動的観察に向かない．これに対して，STMやAFMに代表されるSPM，および放射光（X線）を利用したSXSやXASは，大気中や溶液中といった反応が起こっているその場での使用も可能である．金属界面の電子構造を分析するにはXPS，UPS，EELSなどの電子分光法がよく使われるが，電子をプローブとするため，真空中でしか使えないという制約がある．気体や液体中での測定には，光（X線を含む）を利用するXANES，UV･Vis，SHGなどが用いられるが，いずれも結果の解釈には注意が必要である．金属界面に存在する反応物，生成物，中間体，反応阻害種，溶媒などの分子の構造や配向は主として振動分光（IRAS，RS，SFG および HREELS）を用いて決定されるが，SIMS，XPS，AES などの真空技術や SHG も有用な情報を与える．界面層の厚さや質量変化は EL，SPR，QCM などで求められる．

## 参考文献

[1] 魚崎浩平（2013）応用物理，**82**，106.

[2] Uosaki, K.（2015）*Jpn. J. Appl. Phys.*, **54**, 030102.

[3] P. A. Cox 著，魚崎浩平ほか 訳（1989）『固体の電子構造と化学』，技報堂出版.

[4] 日本表面科学会 編（2004）『ナノテクノロジーのための走査電子顕微鏡』，丸善出版.

[5] 日本分析機器工業会 編（2009）『分析機器の手引き』，第16版，日本分析機器工業会.

[6] Bakowskie, R., *et al*.（2011）*Phys. Status Solidi C*, **8**, 1380.

[7] 日本表面科学会 編（1999），『透過型電子顕微鏡』，丸善出版.

[8] Tanishiro, Y., *et al*.（1990）*Surf. Sci*., **234**, 37.

[9] Liu, Y., *et al*.（2014）*Mater. Lett*., **136**, 306.

[10] 日本表面科学会 編（2003）『ナノテクノロジーのための表面電子回折法』，丸善出版.

[11] Pendry, J. B.（1974）“Low Energy Electron Diffraction”, Academic Press.

[12] Van Hove, M. A., *et al*.（1986）“Low Energy Electron Diffraction: Experiment, Theory and Surface Structure Determination”, Springer-Verlag.

[13] Ohtani, H., *et al*.（1988）*J. Phys. Chem*., **92**, 3974.

[14] Barbieri, A., *et al*.（1994）*Surf. Sci*., **306**, 261.

[15] Nordling, C., *et al*.（1957）*Phys. Rev*., **105**, 1676.

[16] Moulder, J. F., *et al*.（1992）“Handbook of X-ray Photoelectron Spectroscopy”, Perkin Elmer.

[17] 日本表面科学会 編（1998）『X線光電子分光法』，丸善出版.

[18] Hüfner, S.（1995）“Photoelectron Spectroscopy”, Springer-Verlag.

[19] Kuhn, H. G.（1962）“Atomic Spectra”, Academic Press.

[20] Zhou, J., *et al*.（2014）*Sci. Rep*., **4**, 4027.

[21] Seah, M. P., Dench, W. A.（1979）*Surf. Interface Anal*., **1**, 2.

[22] 岩澤康裕ほか（2010）『ベーシック表面科学』，化学同人.
[23] Somorjai, G. A.（1981）"Chemistry in Two Dimensions: Surfaces", Cornell University Press.
[24] Davis, L. E., *et al*.（1978）"Handbook of Auger Electron Spectroscopy", Perkin Elmer.
[25] 日本表面科学会 編（2001）『オージェ電子分光法』，丸善出版.
[26] Palmberg, P. W., Rhodin, T. N.（1968）*J. Appl. Phys*., **39**, 2425.
[27] Shanabarger, M. R., Moorhead, R. D.（1996）*Surf. Sci*., **365**, 614.
[28] Ibach, H., Milles, D. L.（1982）"Electron Energy Loss Spectroscopy and Surface Vibration", Academic Press.
[29] Wilk, D. E., *et al*.（1993）*Surf. Sci*., **280**, 298.
[30] Ibach, H.（1993）*J. Electron Spectrosco. Relat. Phenom*., **64/65**, 819.
[31] Heavens, O. S.（1965）"Optical Properties of Thin Solid Films", Dover.
[32] Delahay, P., Tobias, C. W.（1973）"Advances in Electrochemistry and Electrochemical Engineering", Vol. 9, John Wiley & Sons.
[33] 高村 勉（1975）『分子レベルからみた界面の電気化学』，日本化学会 編，p. 167，東京大学出版会.
[34] Koch, D. F. A.（1964）*Nature*, **202**, 387.
[35] Sagara, T., *et al*.（2001）*Langmuir*, **17**, 1620.
[36] 八木一三（2008）*Electrochemistry*, **76**, 220.
[37] 八木一三，魚崎浩平（2005）光化学，**36**, 2.
[38] 野口秀典，魚崎浩平（2006）表面科学，**27**, 595.
[39] Yagi, I., *et al*.（1996）*Chem. Lett*., 529.
[40] Yagi, I., *et al*.（1997）*J. Phys. Chem. B*, **101**, 7414.
[41] Pettinger, B., *et al*.（1995）*Electrochim. Acta*, **40**, 133.
[42] Pettinger, B., *et al*.（1992）*J. Electroanal. Chem*., **329**, 289.
[43] Uosaki, K., *et al*.（2010）*J. Am. Chem. Soc*., **132**, 17271.
[44] Bewick, A., *et al*.（1981）*J. Electroanal. Chem*., **119**, 175.
[45] Ye, S., *et al*.（1999）*Phys. Chem. Chem. Phys*., **1**, 3653.
[46] 大澤雅俊（2000）『電気化学便覧』, 第5版, 電気化学会 編, p. 209, 丸善出版.
[47] Fleishman, M., *et al*.（1974）*Chem. Phys. Lett*., **26**, 163.
[48] Ikeda, K., *et al*.（2009）*J. Phys. Chem. C*, **113**, 11816.
[49] Ikeda, K., *et al*.（2011）*J. Photochem. Photobio. A*, **221**, 175.
[50] 近藤敏啓，魚崎浩平（1995）表面，**33**，580.
[51] 市村禎二郎ほか 編（1991）『シンクロトロン放射光―化学への基礎的応用―』，

日本分光学会測定法シリーズ 24，学会出版センター．
[52] 田尻寛男，高橋敏男（2009）放射光，**22**, 131.
[53] Robinson, I. K.（1986）*Phys. Rev. B*, **33**, 3830.
[54] 高橋正光（2004）*Electrochemistry*, **72**, 128.
[55] Wang, J., *et al*.（1992）*Phys. Rev. B*, **46**, 10321.
[56] 宇田川康夫 編（1993）『X線吸収微細構造—XAFSの測定と解析—』，日本分光学会測定法シリーズ 26，学会出版センター．
[57] Lusvardi, V. S., *et al*.（1998）*Surf. Sci*., **397**, 237.
[58] Kulkarni, S. K., *et al*.（1991）*Surf. Sci*., **259**, 70.
[59] Brennan, S., *et al*.（1981）*Phys. Rev. B*, **24**, 4871.
[60] 魚崎浩平（2004）『化学便覧』，第5版，日本化学会 編，p. 85，丸善出版.
[61] Schlier, R. F., Farnsworth, H. E.（1959）*J. Chem. Phys*., **30** 917.
[62] Binnig, G., *et al*.（1983）*Phys. Rev. Lett*., **50**, 120.
[63] 猶原秀夫，魚崎浩平（2000）表面技術，**51**，398.
[64] Naohara, H., *et al*.（1998）*J. Phys. Chem. B*, **102**, 4366.
[65] Takakusagi, S., *et al*.（2008）*J. Phys. Chem. C*, **112**, 3073.
[66] Pang, C. L., *et al*.（2014）*J. Phys. Chem. C*, **118**, 23168.
[67] 安藤敏夫, 古寺哲幸（2005）計測と制御，**45**，99.
[68] 安藤敏夫（2009）真空，**51**，783.
[69] 日本表面科学会 編（2013）『表面科学の基礎』，現代表面科学シリーズ 2，共立出版.
[70] Briggs, D., Seah M. P. 著，清水隆一，二瓶好正 訳（2003）『表面分析：SIMS』, アグネ承風社.
[71] Textor, M., Grauer, R.（1983）*Corrosion Sci*., **23**, 41.
[72] 福岡 潔（2001）軽金属，**51**，370.

第4章

# 金属界面の調製と新規物質相の構築
## —新たな機能の発現—

金属界面を電極や触媒材料として利用するとき，薄膜化あるいは微粒子化することで，重量やコストを削減することができるだけでなく，反応表面積を増加させることで反応の高効率化も可能となる．さらに，薄膜化や微粒子化あるいは原子や分子による表面修飾により，機能の高度化や新たな機能発現の可能性がある．これらの原子レベルでの新規機能を有する物質相を金属界面に構築するためには，金属（合金）単結晶基板の清浄化や調製法も欠かすことのできない重要な問題となる．そこで本章では，まず研究開発に使用するための単結晶基板の調製およびその清浄化技術について述べたのち，新たな機能発現のための金属界面物質相の構築法について，無機物質薄膜構築法，有機物質薄膜構築法，超微粒子作製法，およびパターニング作製法を概説し，最後に新規物質相の創成の例を示す．

## 4.1　金属基板の作製

### 4.1.1　構造制御された金属基板（単結晶基板）の作製法

金属界面で起こる種々の現象を厳密に理解し，機能設計へ応用するためには，原子配列が規定された単結晶表面を用いて研究を行い，構造と機能（物性，反応性）との関係を厳密に理解する必要がある．したがって，基礎研究の分野に限らず応用を目的とした研究においても，単結晶基板がしばしば用いられる．しかし，単結晶の生産性は低く，高コストであるため，実用材料として用いることは現実的ではなく，高い耐食性と耐酸化性を有し高温での優れた機械的性質をもつニッケル系の合金単結晶が航空機用ジェットエンジンの動翼材料として使用され，火力発電用ガスタービンへの適用が図られているにすぎない [1,2]．

精錬によって得られる高品位金属は一般に多結晶であり，金属単結晶はより高い純度の金属を用い，溶融状態から徐々に冷却，固化することで得られ，時間とコストがかかる．

第2章で述べたように金属表面の幾何構造，電子構造は結晶方位によって異なるため，表面特性も当然のことながら結晶方位によって大きく異なる．したがって，金属界面の機能や反応性の起源を明らかにし，制御するためには結晶方位が制御された単結晶表面を用いた検討が不可欠であり，単結晶の作製および成長において結晶方位をコントロールすることが重要である．ごく小さな単結晶（種結晶）を利用して結晶の成長方向を制御する方法を種付法という．種付法は古くから用いられており，最も確実に方位をコントロールすることができるため，現在でも多くの貴金属単結晶やシリコンなどの半導体単結晶の作製に広く利用されている [3]．

金属単結晶はさまざまな種類，形状，面方位のものが市販されているが，高額で，またその清浄化も困難である．幸運なことに，1980年にClavilierらによって白金線の一端をバーナー炎で溶融固化するだけで白金の単結晶を容易にかつ安価に作製する方法（これをClavilier法という）が報告され [4]，その後白金以外の貴金属にも適用可能であることが示された．この方法は単結晶の製造と清浄化に高価な単結晶製造装置や超高真空装置を必要としないため，対象が貴金属に限られるが，一般的な実験室でも単結晶を用いた研究が可能となり，表面科学や表面電気化学の研究が飛躍的に発展した．以下にその一般的な手順を簡潔に記す [5,6].

適当な長さに切った直径0.5～1 mm程度の貴金属線の一端をバーナー炎上にかざし，直径が2～3 mm程度の融液状になるまで溶融する．このとき用いるバーナーは都市ガスやプロパンなどの炭化水素系燃料を用いたガスバーナーでも代用できるが，高温にできること，および不完全燃焼物による汚染を防ぐ意味でも，酸素-水素バーナーを用いることが望ましい．溶融状態を1分ほど保つと融液と貴金属線とが接合する部分（固液界面）に微結晶が集まって貴金属線と溶融液との断面をすべて占有する種結晶が生成する（図4.1）.

その後，炎と溶融液の間の距離を変えるなどによって温度を調節し，溶融液を30 sほどの時間をかけてゆっくり冷却し，固化すると，種結晶から球状の単結晶が成長する．白金やパラジウムなど比較的融点の高い貴金属の場合には一度の溶融-固化の操作で良質な

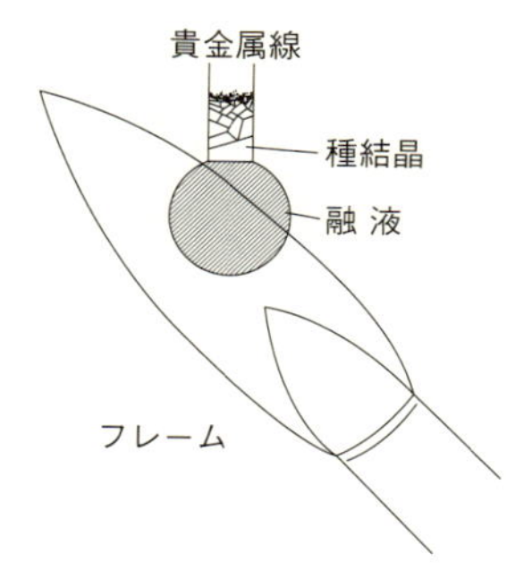


図4.1　貴金属線の先端をバーナー炎で溶融させたときの模式図（星永 宏（2002）*Electrochemistry*, **70**, 54）

単結晶が得られる場合が多いが，金など比較的融点の低い貴金属の場合にはバーナー炎上で固体/溶融液界面を球の下から貴金属線と接合している部分までゆっくりと上下させながらこの溶融–固化の操作を繰り返し行うことで良質な単結晶が得られる．面心立方格子の結晶構造をもつ貴金属の場合，Clavilier 法で作製した単結晶の表面には，(1 1 1) 面と (1 0 0) 面が鏡面状の原子レベルで平坦な面である“ファセット (facet)”として現れる (図 4.2) [6, 7]．楕円形状の大きな (1 1 1) ファセットが立方体の8つの角に，小さな (1 0 0) ファセット6つが立方体の面上にある．

(1 1 1) 面や (1 0 0) 面での測定の場合，前章で述べた LEED や STM/AFM では，このファセット面を用いることができるが，広い照射面積を必要とする種々の分光法や SXS，また特定の面の触媒活性や電気化学特性を調べる場合などには，ファセット面に沿っ

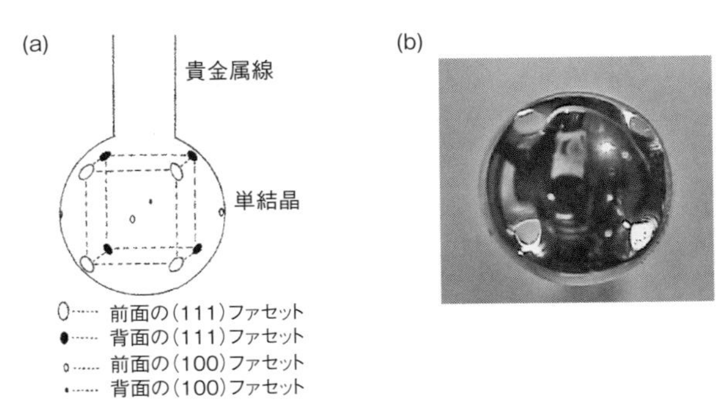


図 4.2　Clavilier 法で作製した貴金属単結晶ビーズ上に現れた (1 1 1) および (1 0 0) ファセット

(a) 模式図 (星 永宏 (2002) *Electrochemistry* **70**, 54)，(b) 実物写真 (Yamada, R.,Uosaki,K. (2009) “Bottom-upNanofabrication:Supramolecules,Self-Assemblies, and Organized Films”, Ariga, K., Nalwa, H. S. Eds., p.377, American Scientific Publishers) (口絵1参照)

て平行に，機械的に切断，研磨，熱処理（アニーリング）し，より大きな面をつくる必要がある．

### 4.1.2 欠陥低減法

金属単結晶/多結晶表面で研究を行う場合，構造欠陥の存在は現象を複雑にし，厳密な理解の妨げになるため，欠陥をできるだけ減らす必要がある．後述するように，超高真空下では，アルゴンイオンなどのイオンビームの照射によるスパッタリングとアニーリングを組み合わせることによって，欠陥の低減と表面の清浄化を行っているが，より一般的には，電気炉や誘導加熱装置 [8] を用いたアニーリングが一般的である．この場合，結晶の融点よりは低く，結晶そのものを融かさない程度の温度で加熱することで，表面数層の原子の熱拡散を起こし表面原子配列を整えたのち，室温まで冷却することによって，格子のそろった欠陥のない表面（界面）を作り出す．欠陥の少ない表面をつくるための最適な加熱温度や加熱・冷却速度は試料によってさまざまであり，目的に合った温度と速度を選択する必要がある．合金材料表面の欠陥を減らすことはより困難であるが，加熱温度や加熱時間，加熱・冷却速度，および雰囲気を適正に制御することによって，欠陥の低減が可能である．

大量に，かつ短時間で熱処理する必要がある場合には，高周波や電子線，レーザーなどを用いた表面焼入れ法（高エネルギー焼入れ法）が広く利用されている [9]．

## 4.2 表面の清浄化

### 4.2.1 化学的清浄化法

金属表面は，大気中の塵や有機物などによって容易に汚染される．汚染物の多くは，上述の熱処理によって分解し，表面から除去されるが，とくに汚染がひどい場合には，熱処理では不十分であり，化学的清浄化法を併用する必要がある．

大気中で付着した有機系の不純物を取り除くためには，エタノール，イソプロピルアルコール，アセトンなどの有機溶剤での洗浄，イオン化傾向が水素より小さな（強酸に溶け出さない）金属試料の場合には，濃硫酸，濃硝酸などの強酸単体のほか，混酸（混酸は酸の混合物を示すが，狭義にはニトロ化に使われる硝酸：硫酸＝1：3のものをいう），クロム酸混液（二クロム酸カリウム溶液に濃硫酸を加えたもの），ピラニア溶液（硫酸：過酸化水素水＝3：1）などの非常に強力な酸に浸すことで有機物が除去される．しかし，金属によっては酸処理の結果，表面が酸化膜で覆われてしまうことがあり，注意が必要である．また，これらの試薬は，調製法を誤ると突沸などの危険があるため，取扱い時には保護眼鏡や作業着/作業靴などの安全対策を必ずしなければならない．

イオン化傾向が水素より大きな金属試料の場合には，不純物とともに試料本体も溶けてしまうため，強酸系（弱酸に溶けることもある）の溶液に浸すことはできない．そのような場合には強アルカリ系溶剤の入った溶液（たとえば，水酸化ナトリウムの飽和水溶液や飽和メタノール溶液）に浸すことで不純物を取り除く必要がある．この場合にはすべての不純物が除去されるとは限らず，また試料表面が酸化物に被覆されたり，腐食によって汚染されてしまう場合もあり，強アルカリ系溶液による化学的清浄化処理ののちに，以下で示す電解研磨など，他の清浄化法との併用が必要となる．

### 4.2.2　電解研磨

電解質溶液中で電気分解によって金属試料表面を溶かすことで，

清浄な表面を出す方法を電解研磨法という．電位を印加するための装置は比較的安価であり，大面積の試料の研磨も容易であるため，電界研磨法は研究室レベルでは言うに及ばず，産業界でも広く利用されている．

イオン化傾向が水素より小さな金属試料では，適切な電解質溶液中で外部から電位を印加することで試料表面原子の酸化溶解が可能である．マイクロメートルレベルの凹凸がある場合には，強い電界がかかることや溶液にさらされる面積が大きくなることなどから，凸部の溶解反応が優先的に進むため，平坦化することが多い．さらに，溶解速度を電位あるいは電流でコントロールすることで，表面状態を原子レベルで制御可能である．試料が単結晶の場合には，表面の原子配列によって電解研磨が進む速度が異なるため，面方位を規制しながら電解研磨することもできる．

一方，イオン化傾向が水素より大きな金属試料を酸性の水溶液に浸しておくと，試料表面の金属原子が酸化されてカチオンとして溶け出し，代わりに溶液中の水素イオンが還元されて水素ガスが発生する．このような場合には，電子は試料表面原子と溶液中の水素イオンとの間で交換されるのみであり，外部から電位を印加する必要はない．このような手法を無電解研磨法という．

金の単結晶の電界研磨を例として示す．金は錯体の配位子となるようなイオン種を含んでいる電解質溶液（たとえば，ハロゲン化物イオンを含んでいる溶液）中で電位を印加すると，錯体イオン（$AuCl_4^-$）として溶け出す．この反応を利用することで，金の表面の清浄化と平坦化を行うことができる．ハロゲン化物イオンは金表面に強く特異吸着するイオン種であるため，電位印加前および電位印加中もつねに金の表面を覆っている．そのため，研磨速度（溶解速度）をコントロールすると1原子層ずつ順番に研磨することができる．さらに，金のような面心立方格子を形成する金属の場合，(111) 面のステップ部位が溶解速度が一番大きく，次いで (100) 面のステップ部位，となっているため，(111) 面次いで (100) 面で電解研磨を行うと，選択的にステップ部位から金属原子が溶け出し，原子レベルで平坦かつ広い範囲の単結晶表面の作製が可能となる [10]．

また，電解質溶液中で金属表面の酸化還元を繰り返し，アニオンの吸脱着を繰り返して表面を清浄化する電気化学アニーリングや，紫外線（UV）で生じさせたオゾン（$O_3$）をさらにUV照射でプラズマ化した $O_3$ プラズマで表面を清浄化する UV/$O_3$ 処理なども，金属材料表面の清浄化法として利用されている．

### 4.2.3　超高真空の利用

超高真空（$10^{-9}$～$10^{-10}$ Pa 以下の圧力下の状態をいう）中では，気相に不純物がほとんど存在しないため，純粋な金属試料を作製しやすく，またその評価も簡便に行えることから，超高真空チャンバー内で試料作製から表面清浄化，さらには機能評価までを行っている例は非常に多い．超高真空中では，電子線やイオンビームなど種々の粒子線も使用可能である．温度や圧力/雰囲気制御の下で，適当な強度で光や粒子線を照射することで，試料表面を1層1層原子レベルで削っていくこともでき，究極の清浄化法である．

しかしながら，超高真空系の装置は非常に高価であり，試料調製の生産性も低いため，分子線エピタキシー（Molecular Beam Epitaxy；MBE）法などを除くと産業的にも使われている例はほとんどない．

### 4.2.4　超純水の利用

金属表面の清浄化に超高真空系を使わない場合，化学的清浄化法や電界研磨法に頼らざるをえず，そこで用いられる媒体である"水"から，いかに不純物を取り除けるかが重要となる．また，固液界面反応に用いられる代表的な液体は水であり，金属界面の清浄性は水中の不純物によって大きく影響されるため，純度の高い水が必要である．LSIの製造過程や原子力発電においても，高純度の水は必要不可欠である．水の精製法としては蒸留操作が一般的であるが，大気中で水を複数回蒸留しても，二酸化炭素の影響によってその電導度は$1.0\times10^{-6}\ \Omega^{-1}\ \mathrm{cm}^{-1}$程度までにしかならない．真空蒸留をすれば理論上の電導度（$4.3\times10^{-8}\ \Omega^{-1}\mathrm{cm}^{-1}$）を達成できるが，多大な手間と時間を要してしまう．1960年代より始まった高精度なイオン交換樹脂の開発や精密沪過技術の開発，および逆浸透膜作製の技術開発によって，1980年代には理論値どおりの電導度を示す水を大気中でもつくることが可能となった．この水を"超純水"とよぶ．現在は紫外線やオゾンによって微量の有機物や微生物をも酸化分解除去する装置も備えた小型の超純水製造装置も市販されており，これらは内部がカートリッジ化されていてメンテナンスフリーであり，研究室レベルでも一般的に使われている．

### 4.2.5　単結晶を用いた電気化学実験の前処理

上述のように，表面電気化学の研究は単結晶の調製がClavilier法を用いて普通の化学実験室でも可能となったことから大きな進展があったが，この場合欠陥の低減と表面清浄化を実験ごとに行う必要があり，その場合はバーナー炎を利用した加熱（フレームアニール）と，溶存酸素を取り除いた超純水中に浸ける急冷（クエンチ）を組み合わせたアニール-クエンチ法がとられることが一般的である．

## 4.3 無機物質薄膜構築法

金属を含む無機物質の薄膜構築法には表4.1に示すように，大きく分けて気相法と湿式法の2つがあるが，それらはさらにいくつかの方法に分けられ，薄膜を構築する物質や用途によって使い分けられている．いずれの手法も試料基板の平坦さおよび成膜温度や成膜速度などをコントロールすることで，金属光沢のある（マイクロメートルレベルで平坦な）薄膜表面からナノテクノロジーの研究でも使える（ナノメートルレベルで平坦な）薄膜表面まで作製することができる．本節では，表中の無機物質相構築法の代表的な手法について概説する．

### 4.3.1 気相法 [9, 11, 12]

気相法で行う蒸着（Vapor Deposition；VD）とは，物質を気相状態にして，吸着→凝集→成長という過程を経ることによって試料基板上に金属（半導体および合金を含む）の薄膜を形成することであ

表4.1　無機物質相の構築法

| | | |
|---|---|---|
| 気相法 | 物理蒸着（PVD）法 | 真空蒸着 |
| | | スパッタリング |
| | | イオンプレーティング |
| | 化学気相成長（CVD）法 | 熱CVD法 |
| | | プラズマCVD法 |
| | | 光CVD法 |
| 湿式法 | 電析法 | 電解めっき |
| | | 無電解めっき |

る．物理反応を利用した物理蒸着（Physical Vapor Deposition；PVD）法と，化学反応を利用した化学気相成長（Chemical Vapor Deposition；CVD）法に大別することができる．本項では，PVD 法および CVD 法の代表的な手法について述べる．

### (1) 物理蒸着（PVD）法

PVD 法は，真空蒸着，スパッタリング，およびイオンプレーティングの 3 種類に分類される．これらは成膜機構が若干異なっているが，いずれも減圧低温下で行う成膜技術である．最近では複数の機構を組み合わせた手法も開発されており，明確に区別されない場合もある．また，最近よく用いられるようになった，レーザー光励起による金属薄膜析出であるパルスレーザーデポジション（Pulse Laser Deposition；PLD）法も PVD 法のひとつである．

真空蒸着，スパッタリング，イオンプレーティング装置の概略図を図 4.3 に示す．

3 つの手法にはそれぞれ特徴がある．真空蒸着は，簡便で，成膜速度が速く，純金属や比較的沸点の低い酸化物に適している一方，

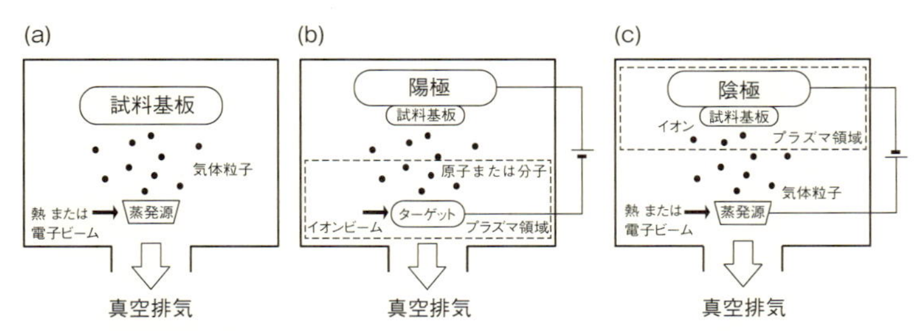


図 4.3 PVD 法の装置の概略図（仁平宣弘，三尾 淳（2012）『はじめての表面処理技術』，p.55, 58, 64，技術評論社）
(a) 真空蒸着，(b) スパッタリング，(c) イオンプレーティング．

作製された膜の密度や基板との密着性が低く，また沸点の異なる合金膜や比較的沸点の高い炭化物や窒化物などといった複合膜に不向きである．なお，おもに化合物半導体結晶をつくる，前述したMBE法も真空蒸着に含まれる．一方，スパッタリングは，成膜材料の種類が多く，基板との密着性に優れており，合金膜や複合膜の作製に適しているが，成膜面が比較的粗い．イオンプレーティングは上の2つの利点を兼ね備えているが，装置の値段が高く手間がかかる．実際にそれぞれの特性を活かして使い分けられている．表4.2におもな用途を示し，以下にそれぞれの手法について概説する[9,11]．

①　**真空蒸着**：金属は融解（昇華）すると一定の蒸気圧をもつ．真空蒸着では図4.3(a) に示すように，$10^{-2}$ Pa以下の減圧状態（高真空ほど有利）で蒸発材料を加熱して蒸発（気化）させ，試料基板上に金属薄膜を堆積させる．この方法は純金属や融解（昇華）

**表4.2　PVD法の成膜物質と代表的な用途**

| 手法 | 成膜物質（おもな用途） |
|---|---|
| 真空蒸着 | Al（鏡やコンパクトディスク）<br>$MgF_2$，$SiO_2$，$TiO_2$（レンズやフィルターなどの光学部品の反射防止膜）<br>Au，Ag，Cr（研究用） |
| （MBE） | GaAs，AlGaAs（半導体） |
| スパッタリング | Ti，Cr，Cu（電子部品）<br>Ti，TiN，TiAlN（装飾用，塗装用）<br>Ti，TiN，TiC（強度補強）<br>$BaTiO_3$，$InSnO_x$（透明電極）<br>Au，Pt，Pd，Cu（研究用） |
| イオンプレーティング | Ti，TiN，TiAlN（装飾用，塗装用） |

しやすい酸化物の成膜法としてよく利用されている．蒸発源の加熱法としては，抵抗加熱法と電子ビーム加熱法がおもに用いられており，蒸発物質によって使い分けられている．工業的には高エネルギーでビーム強度（すなわち成膜速度）を制御しやすい電子ビーム加熱法のほうが一般的であるが，研究室レベルでは操作が簡便な抵抗加熱法のほうがよく用いられている．最近では，基板表面をイオンビームで照射しながら蒸着するイオンビームアシスト蒸着が主流となっている．

②　**スパッタリング**：減圧条件下で固体物質にイオンが衝突すると，その構成物質が原子または分子の状態で放出される．これをスパッタリング現象とよぶ．スパッタリングの基本原理は，図4.3(b)に示すような平行平板型の直流二極スパッタリングである．ターゲット（成膜材料）を陰極とし，試料基板を陽極と接するようにし，アルゴンガスなどの放電ガスを入れたチャンバー内の圧力を1 Pa程度として高電圧を印加すると，陰極近傍でグロー放電（低温プラズマ）が生じ，放電領域内の気体がイオン化して陰極に高速で衝突する．このイオン衝撃でスパッタリングされた金属原子または化合物分子が陽極と接した基板に堆積し，薄膜が形成される．

直流によるグロー放電を利用する直流スパッタリングでは，成膜材料は電導性のもの，すなわち金属種に限られる．そのため，絶縁物質のスパッタリングを可能にする高周波スパッタリングや，スパッタ効率を高めるためのマグネトロンスパッタリングなど，技術開発が進んでいる．さらに最近では，マイクロ波と電子サイクロトロン共鳴現象とを利用してプラズマを発生させ，低温，高速で成膜できる電子サイクロトロン共鳴スパッタリングや，プラズマの発生を専用部で行うことで高純度な成膜が可能なイオンビームスパッタリングなどの技術も開発されており，成膜する用途によって使い分けられている．

③　**イオンプレーティング**：イオンプレーティングでは図4.3(c) に示すように，上述の真空蒸着と同様に金属や化合物を蒸発させ，さらにそのガスをイオン化し，電界によって加速したのちに試料基板に堆積させる成膜法である．とくにチタン系やクロム系の硬質膜の成膜に有効な手段であり，上記の真空蒸着やスパッタリングに比べて試料基板と薄膜との密着性が優れていることから，切削工具や金型など使用条件の厳しい工業製品の成膜に使われている．最近では装置のインライン化や成膜材料の多様化により，各種機械部品や自動車部品などへの応用例も増えており，今後さらに利用分野が拡大していくものと期待されている．

イオンプレーティングは，上述の真空蒸着と同様，抵抗加熱法あるいは電子ビーム加熱法によって蒸発物質を蒸発させ，さらにイオン化を促進させる必要があるが，この蒸発機構およびイオン化機構の違いによって，活性化反応蒸着法，高周波励起法，中空陰極放電法，アーク蒸着法の4つの方式に分類することができる [9].

活性化反応蒸着法では，蒸発源の直上に配置されたプローブ電極（陽極）によってイオン化を促進させる．蒸発材の加熱には電子ビームを用いることが多く，プローブ電極には蒸発材の種類によって30～100 Vの電圧が印加される．得られた薄膜の表面は比較的なめらかであり，試料基板の温度上昇を抑えることができるというメリットがある．

高周波励起法は，高周波振動（周波数：13.56 MHz）によってイオン化を促進させるもので，上記の活性化反応蒸着法と同様，試料基板の温度上昇が小さいという特徴をもつ．工業的には機能性付与および装飾を目的とした金属薄膜や種々の化合物薄膜の成膜用として利用されている．

中空陰極放電法では，アルゴンガスの中空陰極放電による電子ビームを用いる．この電子ビームは通常のタングステンフィラメントから得られる高電圧低電流の電子ビームとは異なり低電圧大電流のため，蒸発物質の溶融と同時にイオン化も促進させることができる．そのため，上記の2つの方式のような特殊なイオン化促進技術を必要としない．窒化チタン（TiN）膜の安定した金色が容易に得られるため，切削工具をはじめとする種々の工具類や金属部品の成膜用として広く用いられている．

アーク蒸発法は，装置メーカーによってはアークイオンプレーティング，カソードアークイオンプレーティング，マルチアークイオンプレーティングなどともよばれているが，すべて原理は同じである．上記の3つの方式では，るつぼ中で蒸発物質を加熱，蒸発させているのに対し，アーク蒸発法では蒸発源をターゲットとして直接アーク放電で蒸発させる．そのため，蒸発源の配置は試料基板の形状や寸法，サイズなどによって自由に選択できる．ただし，成膜時に塊状物が飛散しやすいため，成膜面の粗さの点では，他の方式よりも不利である．

### (2) 化学気相成長（CVD）法

CVD法は，熱CVD，プラズマCVD，光CVDの3種類に分類される．これらはいずれも，大気圧～中空真空（$10^3$～$10^5$ Pa）下で原料を気体として供給し，試料基板上での化学反応によって成膜する技術である．化学反応を励起あるいは促進させる，外部から加えるエネルギーの種類によって，使い分けられている．複数の気体試料による熱平衡反応によって成膜する熱CVD，プラズマの反応促進作用を利用して気体試料の反応温度を低温化したプラズマCVD，紫外線やレーザー光による光分解作用を利用した光CVDについて，それぞれの特徴的な使用温度と使用圧力，およびおもな用途を表4.3にまとめた［9, 12］．以下それぞれの手法について概説する．なお，以下の分類は手法に基づくものであるが，有機金属を原料とするCVD法であるMOCVDは化合物半導体の重要な製造法であり，とくに区別して示されることが多い．

① **熱CVD法**：一般的に図4.4に示すようなプロセスとガス反応によって成膜する手法を熱CVD法という．反応物質としては塩化物などのハロゲン化物が用いられ，キャリアガスおよび反応ガスには水素単独，または水素と他のガス（窒素あるいは炭化水素系のガス）との混合ガスが用いられる．

たとえば，TiN膜を成膜する場合には，反応物質は四塩化チタン（$TiCl_4$），キャリアガスは水素，反応ガスは窒素である．四塩化チタンは室温の大気圧状態では液体であるためあらかじめ加熱して気

**表4.3　CVD法のおもな特徴，成膜物質，および代表的な用途**

| 手法 | 温度 | 圧力 | 特徴 | 成膜物質（おもな用途） |
|---|---|---|---|---|
| 熱CVD | 中温～高温（600℃以上） | 低圧～常圧（$10^3$～$10^5$ Pa） | ・大量生産が可能<br>・膜厚が比較的均一<br>・高温を必要とする<br>・装置/操作が簡便 | Ti，TiN，TiC，W（強度補強）<br>多結晶Si（半導体部品）<br>Ti（電子部品）<br>$SiO_2$，$Al_2O^3$（絶縁保護膜） |
| プラズマCVD | 低温（500℃以下） | 低圧（$10^2$～$10^3$ Pa） | ・低温成膜が可能<br>・大面積化が可能<br>・プラズマによる試料のダメージあり | $Si_3N_4$（半導体，絶縁保護膜）<br>$SiO_2$（絶縁保護膜）<br>アモルファスSi（太陽光発電パネル） |
| 光CVD | 低温（500℃以下） | 低圧（$10^2$～$10^3$ Pa） | ・低温成膜が可能<br>・試料へのダメージが少ない<br>・ガス選択性が高い<br>・長時間の成膜には不適 | $Si_3N_4$（半導体，絶縁保護膜）<br>$SiO_2$（絶縁保護膜）<br>Fe，Cr，W（強度補強）<br>GaAs，ZnS，InP（半導体部品） |

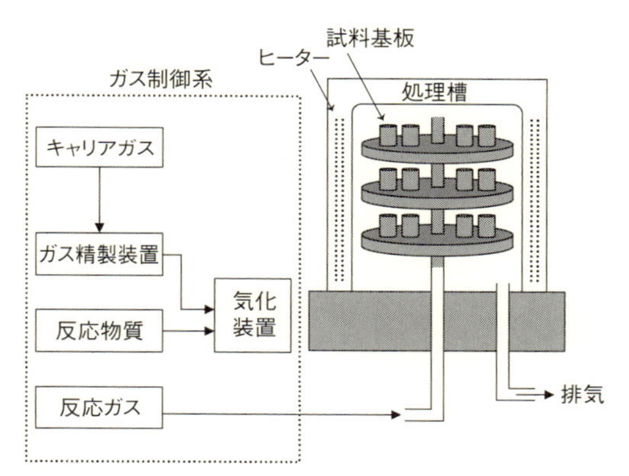


図 4.4 熱 CVD 法のプロセス（仁平宣弘，三尾 淳（2012）『はじめての表面処理技術』，p.67，技術評論社）

化させておき，水素ガスおよび窒素ガスとともに処理槽内に送り込まれる．処理槽内は 1000～1200℃ に保持されており，これらのガスが処理物（試料基板）に接触すると，以下の（4.1）式のようなガス反応が進行して TiN 膜が成膜される．

$$2\ TiCl_4 + 4\ H_2 + N_2 \longrightarrow 2\ TiN + 8\ HCl \tag{4.1}$$

なお，処理槽内の圧力は大気圧あるいは減圧状態（$10^3$～$10^5$ Pa）に保たれており，前者を常圧熱 CVD 法，後者を減圧熱 CVD 法とよんで区別する場合もある．熱 CVD 法で成膜した薄膜は表面粗さが大きいため，鏡面を必要とするような材料に使用する際には，成膜後の研磨が必要である．

② **プラズマ CVD 法** [9, 12]：上記の熱 CVD 法の成膜温度を低温化する目的で開発されたのが，プラズマ CVD 法であり，多くの方式が考案されている．おもなものとしては，直流プラズマ CVD

法，高周波プラズマ CVD 法，マイクロ波プラズマ CVD 法などがある．

直流放電を用いる直流プラズマ CVD 法では，試料基板を陰極上に置いてグロー放電させガス反応を促進させる．たとえば，この方式による TiN 膜の成膜温度は 500～550℃ であり，上記の熱 CVD 法（1000～1200℃）に比べてかなり低温化されたことがわかる．低温化によって成膜した薄膜表面が熱 CVD 法よりもはるかになめらかであり，また処理に伴う変形の心配が少ない．

高周波振動（周波数：13.56 MHz）によってガス反応を促進する高周波プラズマ CVD 法は，最も装置が簡単で，大型化も容易である．試料基板を直接高周波振動させる方式と高周波コイルを用いる方式とがあり，最近では人工ダイヤモンド（diamond-like carbon；DLC）の成膜にも用いられている．

周波数 2.45 GHz 程度のマイクロ波を利用することで安定したプラズマが得られ，プラズマの制御が容易であることから，プラズマ CVD 法の技術開発においてもしばしば用いられているマイクロ波プラズマ CVD 法では，成膜温度や成膜速度をコントロールでき，高品質なダイヤモンド薄膜が得られている．ただし，周波数によって処理槽の最大寸法が制限されるため，装置や試料（製品）の大型化は困難である．

③　**光 CVD 法**［9, 12］：光の作用によってガスの分解または反応を促進させる成膜法である光 CVD 法では，通常照射する光としては紫外線が利用されており，薄膜の種類としては $SiO_2$，$TiO_2$，SiH，ダイヤモンドなどの成膜例がある．光源としては，水銀灯（低圧水銀灯：254 nm，高圧水銀灯：365 nm）やエキシマレーザー（ArF：194 nm，KrF：248 nm）などが用いられている．成膜時に試料基板を加熱しなくてもよいため，低温成膜法として位置づけら

れている．ガスの分解や反応は基板とは無関係に生じることから，装置内の部品の配置に自由度があり，成膜領域の大面積化も容易である．このような多くの利点がある反面，反応ガスに最適な波長の選択が困難であること，さらには反応機構が明確になっていない場合が多いことなどから，今後の研究の進展が期待されている．

### 4.3.2　湿式法 [13, 14]

溶液中のイオンを還元して固体表面に金属を析出させる湿式法では，上述の気相法のように減圧あるいは高温にする必要がないため，装置が比較的簡便で安価であり，大面積化が容易である．湿式法による金属析出の代表例は上述の電解研磨の逆反応である電気化学的析出（電析）法であり，めっきとして古くから知られ，工業的にも幅広く用いられてきた．めっきは工業的には当初導電性基板を負極に用い，その表面に種々の金属（金，白金，ニッケル，クロムなど）を電解析出させる電解（電気）めっき（electroplating）を意味していたが，その後電気を使わない無電解めっき（electroless plating）も幅広く用いられるようになった．無電解めっきでは金属などの導電性基板のみならず，プラスチックなどの絶縁性の物質にもめっきが可能であり，応用範囲は広い．めっきは，貴金属による装飾，耐摩耗性などの機能付与，さらには防食などを目的として行われる．めっきは古くから使われているため，泥臭いローテク技術というイメージがあるが，現代の工業技術として重要な役割を果たしている．たとえば，電気的な接触の向上を目的として，金属部品の端子などに金や白金などの貴金属をめっきすることもあり，ICやLSIなど，小さい接点が多数存在するような電子回路においては，めっきは回路そのものの品質を左右する重要な工程である．また，試料基板に平坦性の高いものを用い，溶液中の金属イオンの濃度や電析電位・電流などで成膜速度をコントロールすることで，ナノメートルオーダーで平坦な薄膜形成が可能である．

### (1) 電解めっき

電解めっきは古くから腐食しやすい金属の表面を腐食しにくい金属薄膜で覆うことで保護する防食の目的で使われてきた．有名なものとして，鉄に亜鉛を電解めっきした“トタン”や，スズを電解めっきした“ブリキ”がある．電解めっきは，原理的には金属イオンを電解還元することによって電極表面に金属を析出させるが，金属をより強固に被覆し，その表面を平滑にするためには，金属イオンのほかに，錯化剤や光沢剤，pH 緩衝剤などの物質を溶解しためっき浴（めっき液）の選択が重要である．表4.4に代表的なめっき浴の例を示す [13]．電解めっきでは電解電流によって析出（めっき）速度を，また電気量によって析出薄膜の厚さを制御することが可能であり，電析電流や電位および電析時間は温度やめっき浴の組成とともに，析出薄膜の品質を決定する重要な因子である．

金属電析の熱力学的な平衡電位よりも，より正側の電位で，電析（めっき）が起こる場合がある．これをアンダーポテンシャル析出（underpotential deposition），略してUPDという [14, 15]．平衡電位は，$M^{n+} \rightleftarrows M$，つまり基板金属と析出金属が同じ場合に対して定義されており，析出金属と基板金属が異なり，析出金属どうしの結合エネルギーよりも基板金属（$M_s$）と析出金属（$M_d$）との間の結合エネルギーのほうが大きい場合には，1層目の析出（$M_d{}^{n+} + M_s \rightarrow M_d - M_s$）は結合エネルギーの差だけ平衡電位よりも正電位（under potential）で起こる．この現象を利用すると，金属の単原子層レベルの超薄膜が得られ，とくに基板に単結晶基板を用いると薄膜内の原子配列も制御可能であることから，おもに基礎研

表 4.4 代表的な電解めっき浴

| めっきする金属種 | | めっき浴の組成 | | 用途 |
|---|---|---|---|---|
| 銅 | | 硫酸銅 | 180～250 g L$^{-1}$ | 一般プリント配線基板用 |
| | | 硫酸 | 150～225 g L$^{-1}$ | |
| | | 塩化物イオン | 20～60 mg L$^{-1}$ | |
| ニッケル | | 硫酸ニッケル | 240～300 g L$^{-1}$ | OA 機器等の装飾・防食用 |
| | | 塩化ニッケル | 45～50 g L$^{-1}$ | |
| | | クエン酸 | 17～21 g L$^{-1}$ | |
| クロム | | 無水クロム酸 | 200～300 g L$^{-1}$ | OA 機器等の装飾仕上げ・防食用 |
| | | 硫酸 | 2～3 g L$^{-1}$ | |
| 亜鉛 | | 酸化亜鉛 | 19～28 g L$^{-1}$ | 鉄製品の防食用 |
| | | シアン化ナトリウム | 30～45 g L$^{-1}$ | |
| | | 水酸化ナトリウム | 75～90 g L$^{-1}$ | |
| スズ | | 硫酸第一スズ | 30～50 g L$^{-1}$ | 食器類の防食用，電子部品や半導体部品の接合性向上 |
| | | 硫酸 | 80～120 g L$^{-1}$ | |
| | | クレゾールスルホン酸 | 25～35 g L$^{-1}$ | |
| | | ホルマリン | 3～8 mL L$^{-1}$ | |
| 金 | | シアン化金カリウム | 1～12 g L$^{-1}$ | 装飾品の装飾仕上げ用，電子部品の耐食用 |
| | | シアン化カリウム | 70～90 g L$^{-1}$ | |
| | | リン酸水素二カリウム | 10～40 g L$^{-1}$ | |
| 銀 | | シアン化銀 | 15～25 g L$^{-1}$ | 電子部品などの電導性向上 |
| | | シアン化カリウム | 43～73 g L$^{-1}$ | |
| | | 炭酸カリウム | 10 g L$^{-1}$ | |
| 白金族 | ロジウム | 硫酸ロジウム | 1.5～2 g L$^{-1}$ | 装飾品の装飾仕上げ，コネクタ/スイッチなど摺動接点の耐摩耗性向上 |
| | | 硫酸 | 46～92 g L$^{-1}$ | |
| | 白金 | ジアミノ亜硝酸白金 | 3 g L$^{-1}$ | |
| | | 硝酸アンモニウム | 100 g L$^{-1}$ | |
| | | 亜硝酸ナトリウム | 10 g L$^{-1}$ | |
| | | アンモニア水 | 50 mL L$^{-1}$ | |
| | パラジウム | ジアミノ亜硝酸パラジウム | 4 g L$^{-1}$ | |
| | | 硝酸アンモニウム | 90 g L$^{-1}$ | |
| | | 亜硝酸ナトリウム | 10 g L$^{-1}$ | |
| | | アンモニア水 | 50 mL L$^{-1}$ | |

(土井 正 (2008)『よくわかる最新めっきの基本と仕組み―基礎から複合技術まで，めっきのイロハを学ぶ』，秀和システム)

コラム3

## 金属リチウム負極におけるデンドライト形成

金属リチウム（Li）はそのきわめて高い理論容量（3861 mA h $g^{-1}$）と低い酸化還元電位（−3.045 V *vs.* NHE）により負極材料としてたいへん魅力的であり，一次電池の負極としてすでに製品化されている．これを現行の黒鉛負極（372 mA h $g^{-1}$）の代わりにリチウム二次電池に用いることができれば飛躍的なエネルギー密度の向上が図られることになる．金属リチウムの還元力はきわめて強く，有機電解液と反応して表面被膜を形成する．二次電池として用いようとすると，析出（充電）–溶解（放電）を繰り返すことで表面被膜の形態や膜厚が不均一となり，それに伴い電流分布も不均一となりリチウムが樹枝状や針状（デンドライト）に形成されてしまう．デンドライトはセパレータを突き破り正負極間を短絡させ発火に至ることもあるため，安全性やサイクル寿命の観点から金属リチウム負極はまだ実用化されていない．このデンドライト生成を抑制するために，電解液添加剤を用いた表面被膜の改質に関する研究が盛んに行われてきた．金属リチウム表面に吸着し添加剤自身が保護膜として機能するものや，表面で還元分解され有効な被膜を形成するものなどが報告されてきた．しかしながら，これらの被膜改質は100サイクル程度までのサイクル寿命向上には有効であるものの，それ以上のサイクルでは容量が減衰するため製品化には至っていない．他方，近年ではイオン液体電解液を用いて安定な表面被膜を形成させる研究や，特異的三次元構造を有するセパレータを用いて精密に電流分布を制御し，デンドライト生成を抑制する研究が行われている．これらの研究では2000サイクル以上にわたり良好なサイクル安定性が得られており，金属リチウム負極実用化に向けた基礎技術が整いつつある．

（鳥取大学大学院工学研究科　道見康弘，坂口裕樹）

究面において広く利用されている．

### (2) 無電解めっき

電気を使わない無電解めっきでは，適当な還元剤を用いて金属イオンを金属に還元する．無電解めっき用めっき浴の例を表 4.5 にまとめた [13, 14]．無電解めっき浴には，金属イオンと錯形成して安定化するクエン酸ナトリウムや EDTA（エチレンジアミン四酢酸）などの錯化剤が電解めっきの場合と同様に含まれるが，それに

表 4.5　代表的な無電解めっき浴

| めっきする金属種 | めっき浴の組成および条件 | | 用途 |
|---|---|---|---|
| ニッケル | 硫酸ニッケル | 0.02〜0.12 mol $L^{-1}$ | 耐摩耗性と耐食性の向上 |
| | 次亜リン酸ナトリウム | 0.1〜0.4 mol $L^{-1}$ | |
| | その他，錯化剤として乳酸，クエン酸，リンゴ酸，酒石酸など，pH 緩衝剤として，酢酸，プロピオン酸，コハク酸など，安定剤として鉛など，湿潤剤として界面活性剤が含まれている． | | |
| 銅 | 硫酸銅 | 10 g $L^{-1}$ | プラスチックめっきのための導体化処理用 |
| | ホルマリン（37%） | 20 mL $L^{-1}$ | |
| | 水酸化ナトリウム | 10 g $L^{-1}$ | |
| | EDTA 4 Na | 25 g $L^{-1}$ | |
| | その他，安定剤が微量含まれる． | | |
| 金 | シアン化金カリウム | 4 g $L^{-1}$ | 絶縁体材料のプリント配線用 |
| | シアン化カリウム | 70 g $L^{-1}$ | |
| | 設定温度を 55℃ とする． | | |
| 亜鉛 | 酸化亜鉛 | 100 g $L^{-1}$ | アルミニウム基板の表面処理用 |
| | 水酸化ナトリウム | 500 g $L^{-1}$ | |
| | 設定温度を 15〜27℃ とする．めっき時間は 0.5〜1 min ほどである． | | |

加えて次亜リン酸ナトリウムなどの還元剤が含まれる．しかし，基板をただ浸漬しただけでは還元反応はほとんど起こらない．たとえばステンレス鋼へニッケルを無電解めっきする場合，表面にパラジウムを吸着させておく．ステンレス鋼を浸けると，パラジウムが触媒となって表面で還元反応が進行し，ニッケルの析出が起こる．この方法を利用すれば，金属だけでなくプラスチックなどの絶縁性の物質にもニッケルをめっきすることができる．また，先にニッケルや銅の無電解めっきを施しておいてから，これを負極として用い，クロムを初めとする種々の金属を電解めっきすることによって絶縁性物質に他の金属を電解めっきすることも可能である．

### 4.3.3　金属薄膜の応用研究例

異種金属基板上に析出させた金属超薄膜は，基板金属とも析出金属とも異なった反応性を示し，高い触媒活性を示すことがある [16]．析出金属が基板金属の原子配列に沿うことで表面電子エネルギーが変化することは理論計算によって予測され [17, 18]，実験的にもその効果によって触媒活性が向上したことが金の単結晶電極上に電析させたパラジウム超薄膜によって証明されている [19]．

図4.5は金の単結晶，Au(1 1 1) およびAu(1 0 0) の表面に種々の量のパラジウムを電析させた電極で，ホルムアルデヒドの酸化の触媒反応を追跡した電流–電位曲線である．どちらの金単結晶電極もほとんど触媒活性がない（酸化電流が流れていない）のに対し，パラジウム薄膜をつくることで著しく触媒活性が上がったことがわかる．また，Au(1 1 1) 上では析出したパラジウム層が厚くなるほど触媒活性が高くなっているのに対し，Au(1 0 0) 上では0.8 MLで最大を示しその後は触媒活性が減少する傾向を示した．これらの

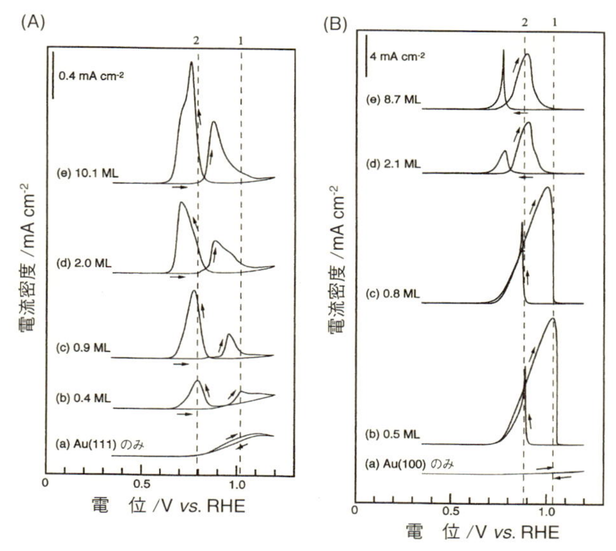


図 4.5 (A) Au(1 1 1) 上および (B) Au(1 0 0) 上に，パラジウムを種々の量電析させた電極の 0.1 mol $L^{-1}$ ホルムアルデヒドを含む 50 mmol $L^{-1}$ 過塩素酸中の電流-電位曲線 (Naohara, H., *et al.* (2001) *J. Electroanal. Chem.*, **500**, 441, 442)

掃引速度は 5 mV $s^{-1}$．ML は電析させたパラジウムの量を表す単位で下地の最表面金原子数と同じ数のパラジウムが電析された場合に 1 ML となる（すなわち，Au(1 1 1) では 1 ML＝3.1 nmol $cm^{-2}$，Au(1 0 0) では 1 ML＝2.2 nmol $cm^{-2}$ のパラジウムが電析されたことを表す）．

挙動は，パラジウム原子間距離に関係している [20–22]．Au(111) 上では，金/パラジウム界面の第 1 層目のパラジウム層のみが下地の金の原子配列にそろっていて，第 2 層目以降はパラジウムバルクのそれに近づく．これに対し Au(1 0 0) 上では，金/パラジウム界面から 10 層以上のパラジウム層が下地の金の原子配列にそろっていることが，SXS 測定によりわかっている．

環境に優しく安全な次世代の発電デバイスとして期待され，すでに定置型家庭用や車載用として実用化が進んでいる固体高分子形燃料電池（polymer electrolyte membrane fuel cell；PEMFC）は，常温で作動させるために白金触媒が必要である [23–25]．しかしながら，白金は希少価値が高く高価であるためいかに白金使用量を下げてコストを下げるかが，PEMFC 開発のひとつの課題となっている．上述したように，異種金属上に析出させた金属超薄膜はしばしば高い触媒活性をもつことから，異種金属上に白金の超薄膜を下地金属の原子配列に沿ってつくる技術が活発に研究されている．Adzic らは上述の UPD 法を利用し，銅の単原子層を先に UPD 法で析出させたのちイオン化傾向の違いから析出した銅と白金を置換する方法で，白金の超薄層を種々の金属単結晶上に構築した [26–29]．彼らはその触媒活性と理論計算 [17, 18] から求めた表面の d バンド中心エネルギーとの相関について議論している．しかし，$E_d$ を求めた理論計算では白金原子を下地の金属原子の原子配列とまったく同じように（エピタキシャルに）配列しているという仮定を用いているのに対し，彼らの方法で構築した白金単原子層の STM 像からは，白金原子が必ずしも配列しているようにはみえない．Fayette らは，銅の代わりに鉛の UPD 法を利用して金上に白金超薄膜を構築しているが [30]，やはり彼らの報告した STM 像では白金が配列しているとは言い難い．

一方筆者らは，金単結晶上に直接白金を電析させることで，下地金基板の原子配列に沿って白金を配列させることに成功している [31–33]．白金電析時に，核発生と核成長がバランスよく起こる電位を選ぶことで，白金が Au(1 1 1) 電極上に下地の原子配列に沿って成長することを，共鳴 SXS（Resonant SXS；RSXS）法によって証明した（図 4.6）．RSXS 法とは，入射 X 線のエネルギーを試料の

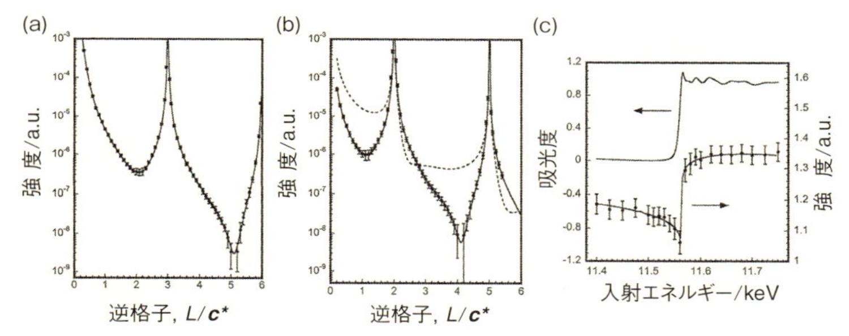


図 4.6 Au(1 1 1) 基板上に白金を 1 ML 電析させたときの RSXS 測定結果 (Kondo, T., *et al*. (2010) *Electrochim. Acta*, **55**, 8304)
(a) (0 0) ロッド, (b) (0 1) ロッド, (c) 吸収スペクトル (上) と (000.5) 逆格子点における X 線散乱強度の入射エネルギー依存性. 黒丸はデータ点, 実線は理論式でフィッティングした結果, (b) 中の点線は白金原子が下地 Au(1 1 1) 表面の hcp サイトにあると仮定したときの計算曲線.

吸収端近傍のそれに合わせることによる共鳴効果を利用するもので, 基板金属と析出金属の原子番号および散乱因子が近いときでも精度よく界面構造を決定できる. Au(1 1 1) 上に下地基板の原子配列に沿って配列させた白金単原子層の, PEMFC のカソード反応である酸素還元反応 (oxygen reduction reaction ; ORR) の触媒活性は, Pt(1 1 1) のそれより高いことも実証されている [34].

Liu らは, 白金表面を水素終端化 (水素吸着) させることで, 白金源である白金錯体 ($[PtCl_4]^{2-}$) のさらなる吸着を防ぎ, 異種金属上に白金を 1 層 1 層電析させることに成功している [35].

## 4.4 有機物質薄膜構築法

金属の機能を高めたり, 新たな機能を付与することを目的に, 古くから金属表面への有機分子層構築技術が研究されてきた. 本節では代表的な有機分子層構築法として，ラングミュア-ブロジェット（Langmuir-Blodgett；LB）法と自己組織化（self-assembling；SA）法について，以下に概説する．

### 4.4.1　ラングミュア-ブロジェット（LB）法 [36-42]

1つの分子内に親水基と疎水基の両方をもつ両親媒性の分子を揮発性の溶媒に溶かした溶液を水面上に滴下すると，ある濃度に達するまで分子は水面上に“浮いた”状態で存在している．この分子が浮いている水面を，外部から水平方向に圧縮し水面の面積を小さくしていくと，水面上に分子が均一に配列した状態の単分子膜が形成される（図4.7）[39]．

発見者である米国の化学者Langmuirの名をとって，この水面上に形成した単分子膜をラングミュア（Langmuir）膜といい [40]，両親媒性分子を溶かした溶媒を展開溶媒，その溶液を展開溶液，ラングミュア膜を支えている水を下層水という．水面上に展開したラングミュア膜を以下で述べるような方法によって固体基板上に移しとったものを，考案者でありLangmuirの弟子である米国の女性物理学者Blodgettの名をとってLB膜といい，この移しとる手法をLB法という [40-42]．膜物質である両親媒性分子の親水基あるいは疎水基を機能性官能基とすることで，簡便に固体表面を機能化できることから，この手法は固体（金属）表面への有機分子層構築法として古くから利用されてきた．

両親媒性分子が水面上に展開されると，下層水の表面張力$\gamma$が低下する．展開前の表面張力を$\gamma_0$とすると，展開後には低下した表面張力分の表面圧$\Pi$が周囲に及ぼされる（(4.2) 式)．

$$\Pi = \gamma_0 - \gamma \tag{4.2}$$

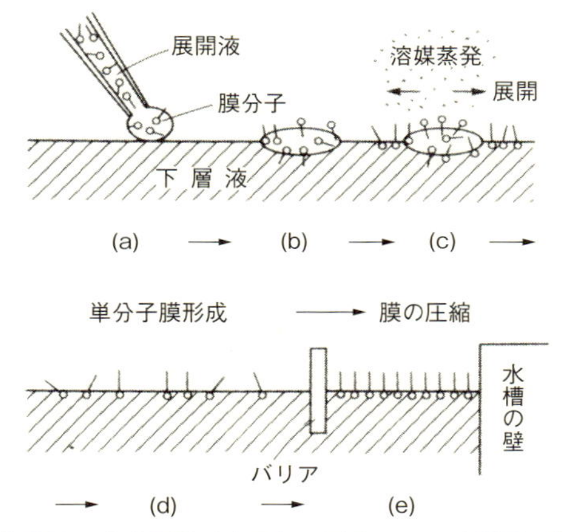


図 4.7 両親媒性分子の単分子膜が水面上に形成していく様子の模式図（石井淑夫（1989）『よいLB膜をつくる実践的技術』, p.1, 共立出版）

展開された膜分子が浮いている水面を外部から水平方向に圧縮して，水面上の膜分子の占有面積 $A$ を小さくしていくと，$\Pi$ が増加する．$\Pi$ と $A$ の関係を表面圧–面積（$\Pi$–$A$）曲線とよび，膜物質，下層水の組成や温度などに依存する．LB 膜をつくるときには，つねに一定の $\Pi$ となるよう外部からの圧縮を調整しながら行う．

LB 膜の作製法として一般的に用いられている垂直浸漬法について述べる．LB 膜を形成させる固体基板の表面が疎水性の場合には，鉛直方向に向けた基板表面を水面上より鉛直下向きの方向に徐々に下げていく（図 4.8(a)i）[39]．すると，ラングミュア膜の末端疎水部と基板表面との疎水性相互作用（引力）によって，ラングミュア膜と水面が基板とともに“沈んで”いく．このとき基板上には単分子膜が 1 層，基板表面に疎水基を向けた状態で積層される．その後，基板を逆方向（鉛直上向き方向）に上げていくと，膜分子の

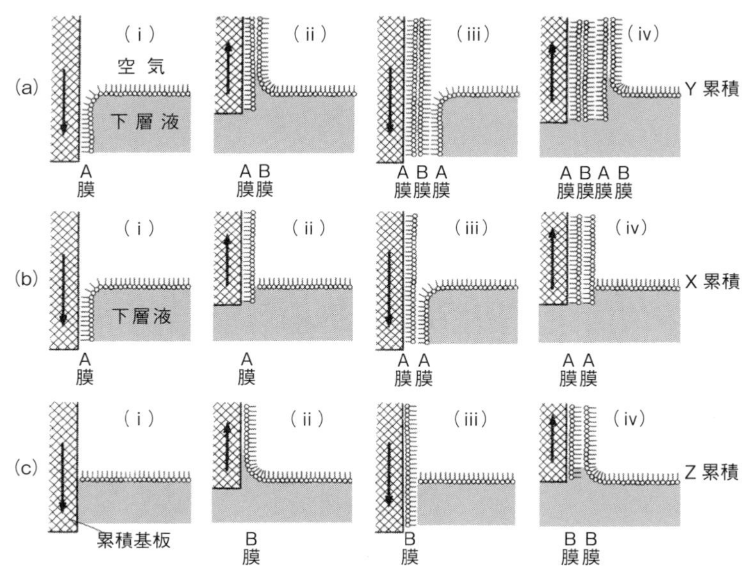


図 4.8　単分子膜の累積過程（石井淑夫（1989）『よいLB膜をつくる実践的技術』，p.4，共立出版）

親水基どうしの親水性相互作用（または，下層水に溶けているイオンとの間の静電的相互作用）によって，親水基どうしが向き合った状態でもう1層の単分子膜が基板表面に積層される（図 4.8(a)ii）．この基板の鉛直方向の上下動により，多層膜が基板上に累積される（図 4.8(a)iii および iv）．表面が親水性の基板を用いる場合には，ラングミュア膜を形成させる前から基板を下層水中に沈めておき，基板の鉛直上向きに上げていくところから積層を始める．この場合，最初の1層目は基板表面に親水基を向けた状態で積層される．この積層過程は，基板表面および膜分子の親水性/疎水性の度合いによって，次の3通りの場合が考えられる（図4.8）．

① 基板を上下動させる両工程でLB膜が累積されるもの．累積されたLB膜をY膜という（図4.8(a)）．

② 基板を下げるときのみLB膜が累積されるもの．累積されたLB膜をX膜という（図4.8(b)）．

③ 基板を上げるときのみLB膜が累積されるもの．累積されたLB膜をZ膜という（図4.8(c)）．

Y膜では2層ずつ対になって累積されるが，X膜とZ膜では1層が1組となっている．

そのほか，LB膜の作製法としては水平付着法や円筒回転法などがあり，また複数の水槽を使って複数の膜分子を累積した複合LB膜もつくられている [39]．

図4.9は，ステアリン酸（H）と重水素置換したステアリン酸（D）を金基板（表面は親水性）上に積層した複合LB膜のSFGスペクトルである [43]．3.4.1(2) 項で述べたようにSFG分光では反転対称性のない部分のみからの信号しか得られないため，LB膜（Y膜）の層間における反転対称性のためにC−H伸縮振動領域（2800～3000 $cm^{-1}$）およびC−D伸縮振動領域（2000～2250 $cm^{-1}$）には，末端メチル基からの信号しか観測されない（アルキル鎖がオールトランス状態であること，すなわち配向性が高いことを表している）．奇数層膜であるH/Au（図4.9(a)），およびDDD/Au（図4.9(b)）では，C−H，C−D領域にそれぞれ3つのピークが観測された．一方，DDDの上にさらに1層（奇数層）Hを積層したHDDD/Au（図4.9(c)）ではC−H領域のピーク強度はHを1層積層しただけのもの（H/Au）に比べて非常に弱く，むしろDDDの上に2層（偶数層）Hを積層したもの（HHDDD/Au，図4.9(d)）に近かった．これらの結果は，図4.9の挿入図に示されているように，

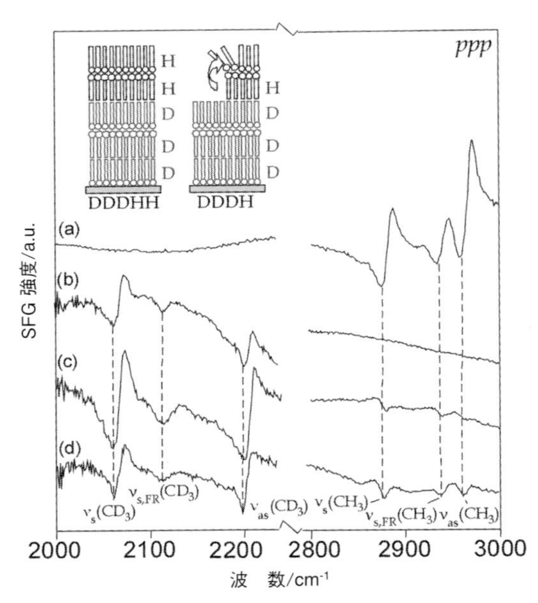


図4.9　種々の累積順で積層したステアリン酸（H）および重ステアリン酸（D）のLB膜のSFGスペクトル（可視/赤外ともにp偏光入射/p偏光検出）（叶 深，大澤雅俊（2003）表面科学, **24**, 743）
(a) H/Au, (b) DDD/Au, (c) HDDD/Au, (d) HHDDD/Au.

偶数層のHDDD/Auの最外層の分子構造はH/Auのような1層型とは異なり，最外層の一部が反転してHHDDD/Auのように2層型となっていることを示唆している．

### 4.4.2　自己組織化（SA）法 [38, 44–46]

上述のLB法では，高度に配向した分子層を構築可能で積層を繰り返すだけで簡単に多層膜を作製できるといった利点がある反面，特別な装置が必要であり，しかも形成された有機分子層は基板表面に物理吸着しているのみであるため簡単に脱離してしまうなどの欠点があった．これに対して Sagiv は 1980 年にトリメトキシシリル（$-Si(OCH_3)_3$）基やトリクロロシリル（$-SiCl_3$）基をもった長鎖アルキル分子を，表面にヒドロキシ基をもつ固体（金属）表面と反応させると，共有結合で分子が表面に固定されるとともに，アルキル鎖どうしの疎水性相互作用によって高度な配向性をもつ分子層が構築できることを見出した [47]．自発的に高度な配向性をもった分子膜が形成されることから，この過程を自己組織化（SA），形成された分子膜を自己組織化単分子層（self-assembled monolayer；SAM）という [38, 44–46]．また，ヒドロキシ基をもつ表面に SAM を形成可能な，$-Si(OCH_3)_3$ 基や $-SiCl_3$ 基をもつ分子をシランカップリング剤という．その後，1983 年に Nuzzo と Allara がアルキルチオール分子が金と反応して Au−S 結合を形成するとともにアルキル鎖どうしの相互作用によって配向性の高い単分子層（SAM）が形成されることを見出したこと [48] によって，金属基板（電導性基板）上の高配向性分子層構築が実現され，基礎と応用両面での可能性が飛躍的に広がり，活発に研究が展開されるようになった．結合性官能基としてはチオール（−SH）基に限らずジスルフィド（−S−S−）基やスルフィド（−S−）基，また基板も金のほかに白金，銀，銅などの金属に加えて，GaAs や CdS，$In_2O_3$ などの半導体にまで拡張されており，さらにチオール基とは反対側のアルキル鎖末端に機能性官能基を導入することで種々の機能を固体表面に導入可能であることから，その方面での発展も著しい．

SAM を形成可能な分子は図 4.10(a) に示すように 3 つの部分から構成される．第一の部分は基板表面原子と反応する結合性官能基（チオール基など）であり，この部分が固体表面の特定部分に分子を固定する．なお，チオール基など硫黄原子を含む官能基をもった有機分子が金と強い共有結合を形成して安定な有機薄膜を形成することは，“自己組織化”という言葉が使われるより前からすでに谷口らによって報告されていた [49]．第二の部分は通常アルキル鎖であり，SAM の二次元的な規則構造は主としてこのアルキル鎖間のファンデルワールス力によって決まる．そのため一般にアルキル鎖の炭素数がある程度以上多い場合に，安定，高密度，高配向な膜が形成される．第三の部分は末端基で，アルキルチオールの場合はメチル基であるが，末端基を機能性官能基に置換することで，固体表面の機能化が可能となる．SAM を利用した多層膜構築法も考案されており（図 4.10(b)，(c)）0.1 nm オーダーで均一な膜厚をもつ多層膜が構築されている [38, 44–46]．

室温で十分洗浄した金基板（4.2 節参照）を適当な濃度（通常数十 μmol $L^{-1}$～1 mmol $L^{-1}$）のチオールを含む溶液に浸すと，数分～数時間で SAM が形成される．これは以下の反応が自発的に起こる結果であると考えられているが，実際に水素分子が検出された例はまだない．

$$\mathrm{R-SH + Au \longrightarrow R-S-Au + \frac{1}{2}H_2} \tag{4.3}$$

このとき吸着した分子のアルキル鎖間に疎水性の相互作用（引力）がはたらいた結果，高度に配向した分子膜，すなわち SAM が形成される．規則正しく配列した表面をもつ単結晶基板（Au(1 1 1) がよく用いられている）を用いると，SAM も二次元配列を示す（以下参照）．このような二次元配列はさまざまな SAM で観測されており，基板の面方位や原子間隔，分子の大きさや形に依存する．

真空中の STM や LEED などによる検討の結果，Au(1 1 1) 単結晶表面上に形成したアルキルチオール SAM には，数 nm サイズの

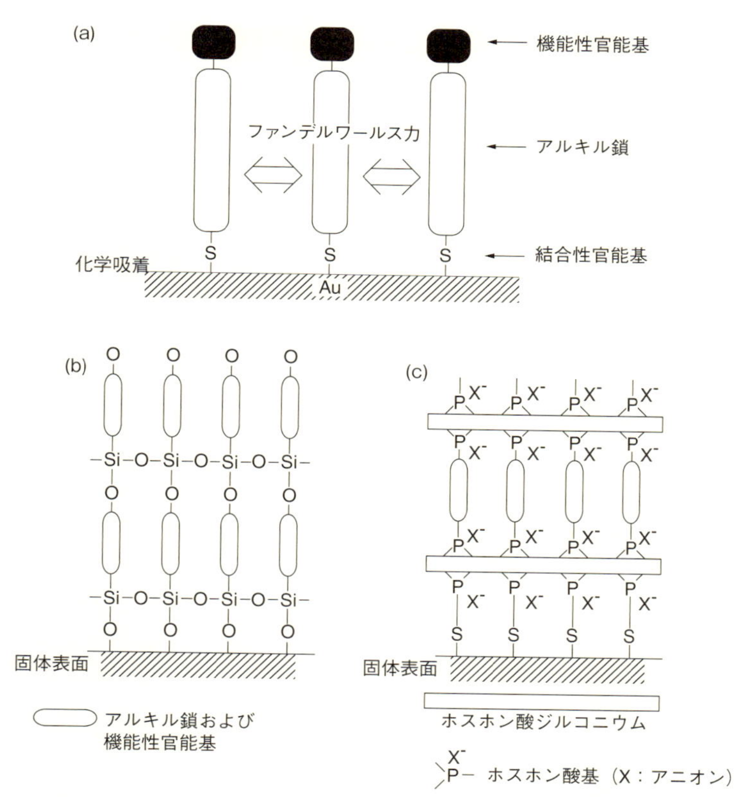


図 4.10　(a) 金基板表面に形成したアルキルチオール SAM の模式図と (b), (c) SA 法によって形成した多分子層の模式図（近藤敏啓，魚崎浩平 (1999) *Dojin News*, **91**, 4）

ピットとよばれる下地金原子の単原子層高さの穴（etch pit）や，単分子太さの線欠陥（missing row）が含まれていること，分子配列には $(\sqrt{3}\times\sqrt{3})R30^\circ$ 構造だけでなく，c(4×2) 構造も存在すること，などがわかっている [50]．このような構造はアルキル鎖どうしの疎水性相互作用と，硫黄原子と金基板の化学結合による SAM 形成という単純な吸着モデルからは予想しにくい．したがって，より高度な SAM の構造規制を行ううえで，その形成過程を詳細に理解することは非常に重要である．筆者らはデカンチオール

コラム4

## 表面分子吸着

貴金属表面，とくに金基板表面は，さまざまな分子の基本的な電気化学応答測定や，吸着挙動，触媒，表面プラズモン共鳴測定や各種分光測定の基板などとしてよく利用される．いざ，実験を開始する直前，新しい金基板を保存容器や袋から取り出してみると，「あれ？たった今，袋から出したばかりなのに，水を強くはじいてしまうなんて，すでに汚染しているのかな……」という経験はないだろうか．清浄な金表面は本来親水性であり，水滴が玉のように転がるなんてことはないはず……．金，白金はもちろん貴金属電極表面は概して容易に汚染しやすく，このような性質は，表面での触媒作用や分子（層）吸着につながる．自分の実験の目的に応じたレベルで，あらかじめ表面を清浄化する必要がある．

金属基板表面上にナノスケールで構造を構築したり修飾したりする代表的な方法には，ナノリソグラフィーのようなトップダウン型の構造構築技術と，外からの制御を受けることなく自発的に膜構造を構築するボトムアップ型の自己組織化膜構築法がある．自己組織化膜にも，基板と分子，そして分子間どうしを静電的な相互作用で積層する交互積層膜や，基板の上にアンカーで分子を吸着させ，吸着分子間の相互作用により自発的な構造をつくる自己組織化単分子膜がある．電極表面に自己発生的に分子を吸着させ膜構築する手法は，ナノ構造を安価かつ大量に作製可能であり，ナノセンサ，ナノワイヤーなど，求められるナノデバイス材料をつくる方法として利用されている．

($C_{10}SH$) の SA 過程を STM によりその場追跡することに成功している [7,51,52]．図 4.11 は $C_{10}SH$ を 0.3 μmol $L^{-1}$ 含むヘプタン溶液中で，(a) 3 分後，(b) 7 分後，(c) 12 分後，および (d) 56 分後に得られた Au(1 1 1) 表面の STM 像である．

図 4.11(a) では金のテラス上にいくつかの三角形のピットと，間

貴金属表面での自己組織化分子層構築の場合，アルカンチオール類がよく用いられるが，自己発生的な単分子吸着の現象には (1) 貴金属とチオール基（硫黄）の親和力と (2) アルキル鎖間の疎水的相互作用などが深く関係している．たとえば金表面へのチオールの吸着の場合，Au−S の相互作用は 45 kcal $mol^{-1}$ 程度であり，これは共有結合（C−C の例では，83 kcal $mol^{-1}$）と比べると弱いけれども十分に強く，共有結合に準ずる結合となっている．さらに，アルキル鎖間のファンデルワールス力による疎水性相互作用を利用し，自発的に緻密な単分子膜が形成できる．吸着分子は，(1) 金（貴金属）電極に結合するための結合部位（チオール基，硫黄関連部位），(2) アルキル鎖部（スペーサー部分），そして (3) 機能性部位（任意の官能基）からなる．(1)，(2) は緻密な単分子膜を組織するために重要であり，(3) は選択によりさまざまな機能（たとえば，ヒドロキシ基により親水性，メチル基により疎水性，エチレングリコール基により非特異的吸着抑制性，カルボキシ基やアミンなどによりさらなる化学結合可など）を自由に導入することができ，表面にさまざまな性質ももたらすことが可能となる．

近年，表面分子吸着はその用途をどんどん広げ，基板も金や白金に限ったものでなく，金属酸化物など（アルミニウム，タリウム，ニオブなどの酸化物）に選択肢が広がり，ここに極性の高い分子を吸着させ，金-アルカンチオールに準じた安定な構造をもつ分子層を構築する例もある．表面濡れ性，防汚性，不動態化，バイオ応用など，金属表面分子吸着の用途はますます広がっている．

（産業技術総合研究所　佐藤 縁）

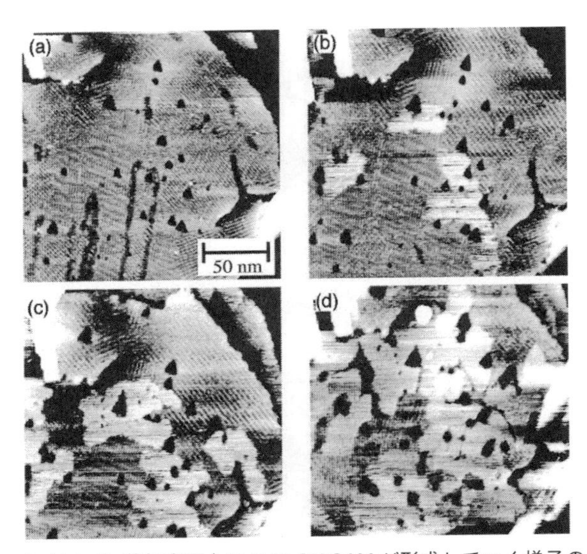


図 4.11　Au(1 1 1) 基板表面上に C 10 SH SAM が形成していく様子の STM 像
(Yamada, R., Uosaki, K. (1997) *Langmuir*, **13**, 5219)
$C_{10}SH$ を 0.3 μmol $L^{-1}$ 含むヘプタン溶液に浸けて (a) 3分後, (b) 7分後, (c) 12 分後, および (d) 56 分後の STM 像.

隔が 2〜3 nm の縞模様が観察されている．ピットは飽和吸着後に観察されたものと対応しており，膜形成時の金基板のエッチングあるいは膜形成による Au(1 1 1) 再構成表面のリフティングによって生じたものであると考えられている．縞模様は，熱脱離や真空中で気相から成長させ SAM をつくった場合など表面被覆率が低い場合にみられており，表面に吸着した $C_{10}SH$ 分子が基板上に寝ているような状態と考えられる．時間が経つにつれ (図 4.11(b)〜(d))，明るく見えるアイランドが発生し，二次元成長していく様子が観察された．アイランドの上を拡大すると，明瞭な規則構造

$((\sqrt{3}\times\sqrt{3})R30^\circ$ 構造）が観察された．このような飽和吸着状態では，アルキルチオール分子の分子軸は基板の法線方向に対して約 $30^\circ$ 傾いていることが，IRRAS などの結果からわかっており，この構造は最密充塡構造となっている．

## 4.5 金属薄膜のパターニング

4.3 節からここまで種々の薄膜作製法について述べてきたが，金属薄膜を電子回路などへ応用するためには，パターニングの技術が必要不可欠である．本節では代表的なパターニング法として，リソグラフィー法とマイクロコンタクトプリンティング（micro contact printing；μCP）法を概説する．

### 4.5.1 リソグラフィー法 [53]

“リトグラフ（石版画）”というドイツ語に由来しているリソグラフィー法とは，さまざまな基板上にパターンを形成する技術のことである．電子部品の高集積化に伴い，半導体基板上にパターンを形成する技術がリソグラフィーの中心となって発展してきた．

一般的なリソグラフィーの手順を図 4.12 に示す．まず，所望のパターンを形成させたい基板の表面に感光性材料（フォトレジスト）の膜を作製し，紫外光や X 線などの光線あるいは電子線などの粒子線を照射してパターンに従って変質させる（できたパターンを潜像という）．この過程を露光という．露光の方法には，マスク（以下のフォトレジスト膜のマスクと区別するためにここではレチクルとよぶ）を原版としてそれをもとにパターンを投影転写する方式（パターン転写法，図 4.13(a)）と，細くしぼった電子線や光線を走査してパターンを描画する方式（パターン描画法，図 4.13

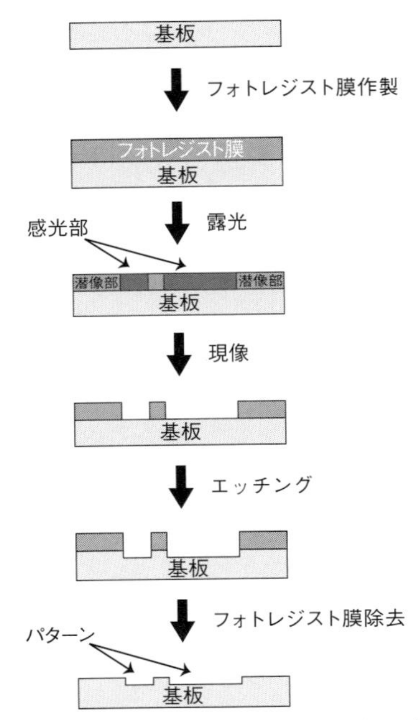


図4.12　リソグラフィーを用いたパターン加工の手順（横山 浩，秋永広幸（2007）『電子線リソグラフィ教本』，p.5，オーム社）

(b)）の2つがある．

露光させてできた潜像を，現像液を用いて処理し，パターン化されたレジスト膜を作製し，さらにこのパターン化されたレジスト膜をマスクとしてエッチング加工し，最後にレジスト膜を除去して基板表面に所望のパターン形状を作製する．

パターン転写法における露光の解像度$R$（ここでいう解像度とは最小加工寸法をさす）は，一般に次のレイリーの式で与えられる[54]．

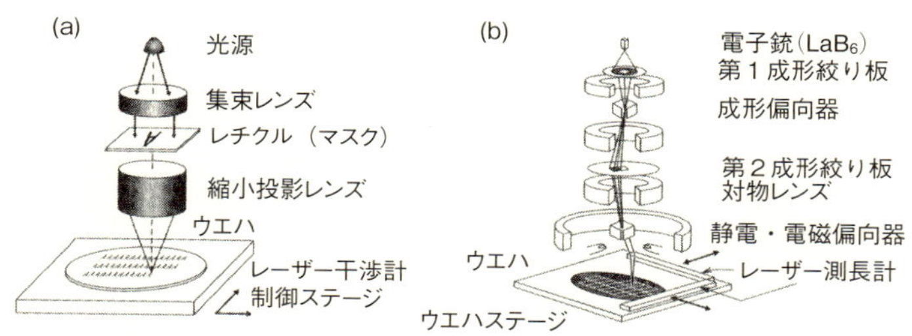


図 4.13　リソグラフィーの方式（横山 浩, 秋永広幸（2007）『電子線リソグラフィ教本』, p.3, オーム社）
(a) パターン転写法, (b) パターン描画法.

$$R = \frac{k_1 \lambda}{N_A} \tag{4.4}$$

ここで, $\lambda$ は露光波長, $N_A$ は光学系の開口数, $k_1$ は用いるレジスト膜の性能や解像度向上技術の利用の有無などによって決まる比例定数である. 開口数 (numerical aperture) $N_A$ とは, レンズの分解能を決める指数であり, 入射する光の光軸に対する最大角度 $\theta_{max}$ と試料–レンズ間の媒質の屈折率 $n_m$ を用いて次式で表される.

$$N_A = n_m \sin \theta_{max} \tag{4.5}$$

(4.4) 式からわかるように, 露光の解像度を向上させるためには, 露光波長 $\lambda$ を短くする, 光学系の開口数 $N_A$ を大きくする, $k_1$ の値を小さくする, ことが考えられる. $N_A$ の値は, リソグラフィーが本格的に産業界で使われだした 1970 年代前半には 0.3 程度であったが, 今日ではレンズ加工技術の進歩により 0.9 を超える値まで大きくなってきている. 最近では, 最終レンズと試料との間に液体を介在させる液浸露光法によって, $N_A$ の値を 1.3 程度まで大きくすることも可能となっている．露光波長 $\lambda$ に関しては，当初は水銀ランプの g 線（436 nm）や i 線（365 nm）が使われていたが，その後KrFエキシマレーザー（248 nm），ArFエキシマレーザー（193 nm）へと短波長化が進んできており，将来は極短紫外線である 13.5 nm の波長をもつ軟 X 線領域に近い光を用いることが検討されている．さらに波長の短い X 線を用いれば高解像度が期待されるが，X 線はほとんどの物質と相互作用せずに透過してしまうため高精度な薄膜マスクをつくることが困難なこと，および X 線の照射によって出てくる光電子の散乱などのためにかえって解像度が落ちてしまうため，最高の解像度は数十 nm にとどまっているのが現状である．一方電子線は，加速電圧によって短波長の粒子線が得られ，加速電圧を 50 kV とすれば波長を 0.005 nm まで短くすることが可能であり，解像度を 10 nm 程度まで向上させることができる [55]．ただし，電子線も散乱の影響があり，これが解像度を制限している．

パターン転写法は 1 つのパターンを大量に作製するのには適しているが，少量で多品種のものをつくりたい場合にはその都度レチクルをつくるのは効率的でない．このような場合にはパターン描画法が用いられている．この方式でも露光時に用いる粒子線が短波長なほど解像度は高くなるが，極短紫外線や X 線では光学レンズが使えず走査が困難なため，電子線がおもに用いられている．電子線の走査では前述したSEMの技術が応用でき，コンピュータであらかじめ計算したパターン情報をもとに簡単に試料表面を走査できるため，最先端の研究開発のデバイス試作などに適用されている．

### 4.5.2　マイクロコンタクトプリンティング（μCP）法

μCP 法は，1994 年に Whitesides らによって考案された有機化合物のパターン化技術のひとつである [56]．彼らは，マイクロメートルオーダーの適当なパターンをもったポリジメチルシロキサン（PDMS）製のスタンプ（上記のリソグラフィーによって作製されたもの）を，チオール系分子を含んだ溶液に浸してチオールをインクのようにしてつけたのち，基板に押し付けることによってスタンプの形状どおりに SAM のパターンを形成させることに成功した（図 4.14）．

たとえば，金基板上にアルキルチオール SAM のパターンを μCP 法によって形成させたのち，末端がヒドロキシ基やカルボキシ基のチオール溶液に浸漬すると，もともと SAM が存在していない部分に別の SAM ができる．つまり，疎水部分と親水部分の形状を自由に設計できることになる．このような表面ではパターンに応じた水の凝集が起こり，適当な凝集段階では回折格子としてはたらくことが見出されている [57]．

シランカップリング剤を用いた μCP 法も報告されている [57]．水谷らは，μCP 法を利用して末端にカチオン性のアミノ基をもつシランカップリング剤のパターン SAM を雲母基板上に作製し，そのパターン SAM 上に負電荷をもつ DNA 分子のパターンを形成させた（図 4.15）．この AFM 像（図 4.15(c)）では，一本鎖 DNA が明瞭に観察されており，将来の DNA コンピューティングなどの材料として期待されている．

## 4.6 金属超微粒子 [58, 59]

ここまでは薄膜など平坦な金属界面の作製法について述べてきたが，実際に金属界面を種々の化学反応（主として不均一触媒反応）に応用するためには金属や合金の超微粒子を作製する必要がある．

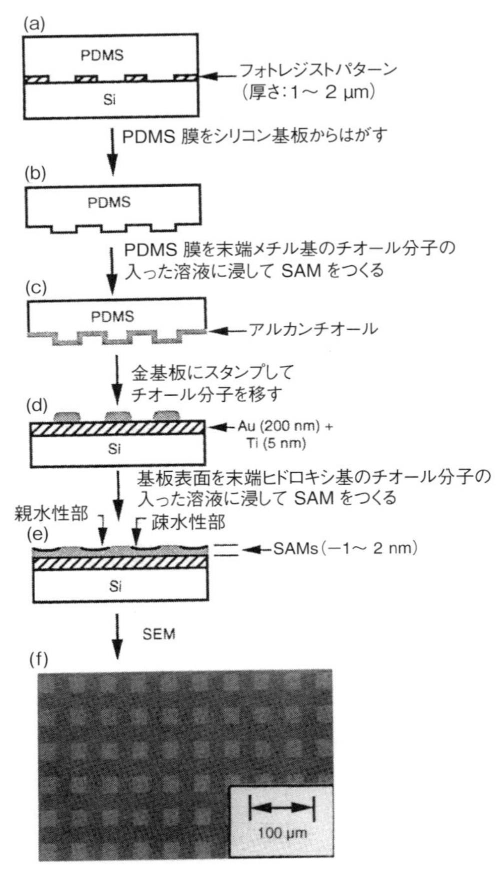


図 4.14　Whitesides らが考案した μCP 法の概略図（Kumar, A., Whitesides, G. M.（1994）*Science*, **263**, 60）

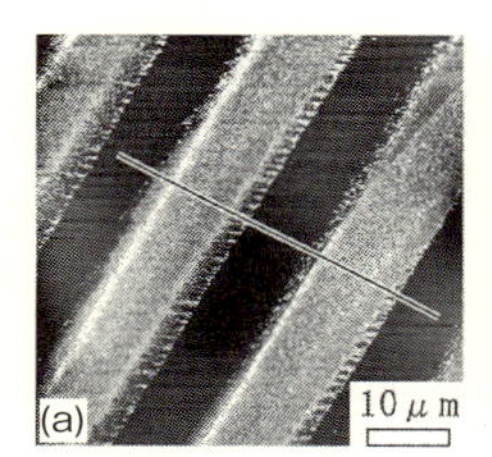

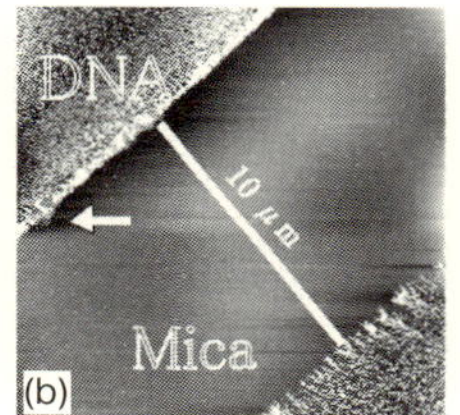

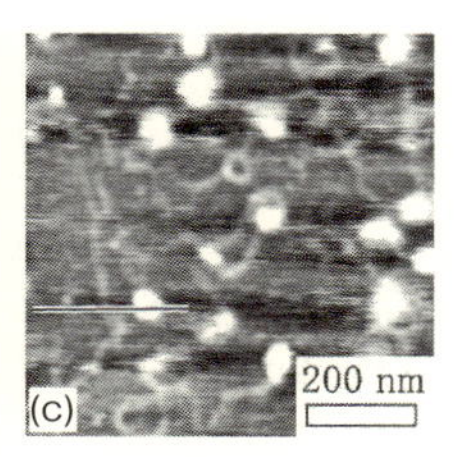


図 4.15　(a)，(b) 水谷らが μCP 法を利用して雲母基板上に作製した DNA 分子のパターンの AFM 像と (c) その拡大図 (Fujita, M., *et al.* (2002) *Ultramicroscopy*, **91**, 283)

微粒子の定義は，一般に“非常に微細な粉末，粒状の物質”ということができる．一方，“微粒子”の前に“超”のついた超微粒子はナノ粒子ともよばれ，日本工業規格 (Japanese Industrial Standards；JIS) および国際標準化機構 (International Organization for Standardization；IOS) の規格により，直径が約 1～100 nm の微粒子をさす，と定義されている [58]．つまり，超微粒子というと，サブマイクロメートルサイズの微粒子は含まれないことになる．サブマイクロメートルサイズの微粒子はこれまで工業的にも基礎研究の面においてもよく利用されてきた．たとえば，可視光の波長はサブマイクロメートルレベルであり，可視光の波長と同様のサイズの微粒子はすでに多く作製されている．しかし，100 nm 以下の微粒子というのは新しく現れてきた材料である．

超微粒子の調製法には表 4.6 に示す [11, 58] ようにさまざまな手法があるが，大きく分けて大きなものから小さくしていくトップダウン方式と，小さなもの (原子や分子) を大きくしていくボトムアップ方式の 2 種類がある．

すでに大量生産されている超微粒子の製法と用途を表 4.7 にまとめた [9, 11]．銀や酸化チタンのような金属類のほか，シリカやカーボンブラックなどが大量生産されているが，いずれもボトムアップ方式での大量生産が容易な熱分解法が一般的な製法である．またフラーレンやカーボンナノチューブなども工業生産が行われ始

コラム5

### 表面化学修飾による金属クラスターの触媒性能の制御

金属ナノ粒子の触媒作用はその表面の幾何構造や電子構造に強く依存するため，表面構造は重要な設計因子である．表面構造の制御方法として，自己組織化過程を利用した有機配位子による化学修飾があげられる．たとえば，金属表面をチオラート（SR）単分子膜で面選択的に被覆して特定の活性サイトのみを露出したり，単分子膜の分子認識能などを利用して基質分子の配向を規定することで，触媒選択性が制御できることが実証されている [1].

これに対して，直径 2 nm 以下の金属クラスターは，特異な幾何・電子構造に起因してナノ粒子ではみられない触媒性能が発現し，さらに構成原子数に応じて劇的に変化するとの期待から，注目を集めている．以下では，代表的なチオラート保護金クラスターである $Au_{25}(SR)_{18}$ の触媒性能と表面状態との関係について紹介する．

$Au_{25}(SR)_{18}$ は金クラスター表面が典型的な触媒毒であるチオラートで完全に被覆されているにもかかわらず，酸化や水素化などの反応に対して触媒活性を示した [2]．この予想外の触媒活性は，下地の金クラスターの曲率が高いことで発生する配位子の隙間で基質が活性化されるためであると説明されている．一方，$Au_{25}(SR)_{18}$ を大比表面積のポーラスカーボン上で 500℃ 以上の高温で焼成すると，チオラートが完全に除去された $Au_{25}$ クラスターをサイズ選択的に合成することができる [3]．この触媒は，ベンジルアルコールの酸化に対して高い活性を示したが，選択性が低くベンズアルデヒド，安息香酸，ベンジルベンゾエートの 3 種類の生成物が混合物として得られた（図）．これに対して，より温和な条件で焼成した $Au_{25}$ クラスターを触媒として用いると，活性こそ低下するもののアルデヒド生成の選択性が飛躍的に向上し，焼成条件を最適化

めている．

本節ではボトムアップ方式のうち，低コストでありかつ研究室レベルで比較的簡便に調製可能な乾式法であるスパッタリングと湿式

することでアルデヒドのみが選択的に得られた（図）．この選択性の向上は，$Au_{25}$ クラスター表面に残留したチオラートが，活性サイトを空間的に制約することでエステルの生成を抑え，電子移動によって $Au_{25}$ クラスターの電子構造を変化させることで酸化能を低減しているためと考えられる [3]．この事例は，表面修飾により金クラスターの電子構造や活性サイトの立体環境を制御することが，サイズ特異的かつ高性能の触媒を開発するための有力な手法であることを示している．今後のさらなる発展が期待される．

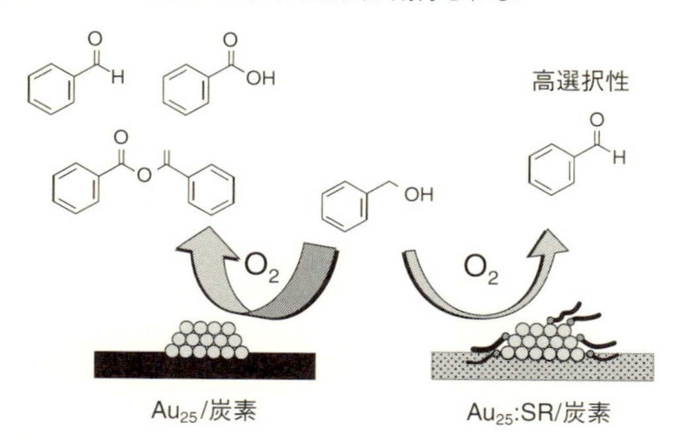


図　$Au_{25}$ 上の残留チオラートによるアルコール空気酸化触媒反応における選択性の向上

[1] Schoenbaum, C. A., *et al*.（2014）*Acc. Chem. Res*., **47**, 1438.
[2] Li, G. Jin, R.（2013）*Acc. Chem. Res*., **46**, 1749.
[3] Yoskamtorn, T., *et al*.（2014）*ACS Catal*., **4**, 3696.

（東京大学大学院理学系研究科　松尾翔太，佃 達哉）

表 4.6　超微粒子の種々の調製法

| | | |
|---|---|---|
| トップダウン方式 | 粉砕法 | ボールミル<br>ジェットミル<br>メカノケミカル |
| | アトマイズ法 | |
| ボトムアップ方式 | 気相法（乾式法） | CVD 法<br>加熱蒸発法<br>ガス中蒸発法<br>スパッタリング法<br>プラズマ法<br>レーザーアブレーション法 |
| | 液相法（湿式法） | 化学還元法<br>熱分解法<br>電気化学法<br>dealloy 法<br>超音波法<br>光化学法<br>レーザーアブレーション法<br>液中プラズマ法<br>超臨界流体法 |

表 4.7　製品化されている超微粒子の代表的な製法とおもな用途

| 超微粒子 | 製　法 | おもな用途 |
|---|---|---|
| Ag | 熱分解法，プラズマ法 | 抗菌薬，フレキシブル電子素子 |
| $TiO_2$ | 熱分解法，化学還元法 | 光触媒，有機物処理用塗料，紫外線遮へい用化粧品，電子写真材料，研磨剤，透明半導体材料 |
| $SiO_2$ | 熱分解法，化学還元法 | トナー外添剤，プラスチック・ゴム用強度補強，研磨剤，農薬用固結防止剤 |
| カーボンブラック | 熱分解法，CVD 法 | 顔料，塗料，印刷用インク，導電材料，プラスチック・ゴム用強度補強 |

法である化学還元法について概説する．

### 4.6.1 スパッタリング

薄膜作製の項（4.3.1(1) 項）で述べたスパッタリングを用いると，乾式法のなかでは比較的安価な装置で超微粒子を合成できる．蒸気圧がゼロである（蒸発しない）イオン液体や低蒸気圧の液状高分子などの化合物をマトリックスとし，その中にスパッタリングによって目的の金属原子を導入する．とくにマグネトロンスパッタリングは，SEM 試料作製など，非電導性の試料表面への電導性付与に用いられる．

鳥本らは，イオン液体が不揮発性であることを利用して，スパッタリングによってサイズのそろった超微粒子を容易に調製できることを見出した [60]．この方法では，スパッタリング時間やマトリックスとして用いるイオン液体の種類によって超微粒子のサイズが制御可能である（図 4.16）．

また，溶融させたチオール系分子をマトリックスとして用いたスパッタリングによって，直径が 3 nm 以下で，蛍光発光する金の超微粒子が作製されている [61]．

### 4.6.2 化学還元法

金属イオンを含む溶液中に還元剤を入れることによって，金属超微粒子を合成する手法を化学還元法といい，その原理は 4.3.2(2) 項で述べた無電解めっきと基本的に同様である．金属イオンを還元する還元剤としては，さまざまなものが使われている．還元剤としてリンを用いた化学的還元法は，ファラデーの法則で有名な Faraday が金のコロイド溶液を調製する際に用いたことからファラデーの製法とよばれており [62]，この方法でつくられた金の超微粒子

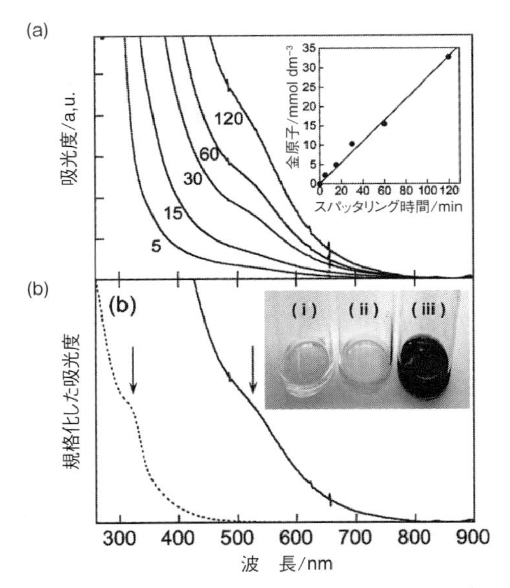


図4.16　イオン液体中でスパッタリング法によって作製した金の超微粒子の紫外可視吸収スペクトル（Torimoto, T., *et al*.（2006）*Appl. Phys. Lett*., **89**, 243117-2）

(a) 1-エチル-3-メチルイミタゾリウム四フッ化ホウ酸（EMI-$BF_4$）中で種々のスパッタリング時間でつくった金超微粒子のスペクトル．挿入図はスパッタリング時間と金超微粒子の濃度との関係．(b) EMI-$BF_4$ 中（実線）と *N*, *N*, *N*-トリメチル-*N*-プロピルアンモニウムビス-(トリフルオロメタンスルホニル)イミド（TMPA-TFSI）中（点線）でつくった金超微粒子のスペクトル．挿入図は (i) TMPA-TFSI 自身，(ii) TMPA-TFSI 中で作製，(iii) EMI-$BF_4$ 中で作製した金超微粒子．（カラー図は口絵5参照）

の安定性が高いことから現在でも広く利用されている．

リンのほかには，アスコルビン酸，クエン酸，タンニン酸などの有機酸も還元剤として使われている．これらの有機酸を還元剤として用いると，比較的安定で粒子サイズ分布の小さな超微粒子を合成することが可能である．有機酸は金属表面への配位能が比較的小さいため，チオール分子の形成する単分子膜（4.4.2 項の SAM）への置換が比較的容易であるほか，強いプラズモン吸収を示すことから，バイオセンサの材料への応用が考えられている．

アルコールやポリオール類も還元剤として用いられている．これらは還元剤であると同時に，できた超微粒子が分散する溶媒でもある．戸嶋らは白金などの金属イオンと表面保護剤を含むアルコール溶液を加熱することで超微粒子を作製している [63]．また彼らは，複数の金属イオンを含んだアルコール溶液を用いてコア-シェル型の超微粒子を作製することにも成功している [64]．

水素化ホウ素ナトリウムは非常に強力な還元剤であり，単独で用いると粒子が成長しすぎてしまい超微粒子をつくることはできないが，適当な表面保護剤を利用すれば超微粒子の作製に使うことができる．Brust らは，水素化ホウ素ナトリウムを還元剤として用い，前述したチオール系分子の SAM で表面を保護した直径数ナノメートルの金の超微粒子を作製することに成功している [65]．図 4.17

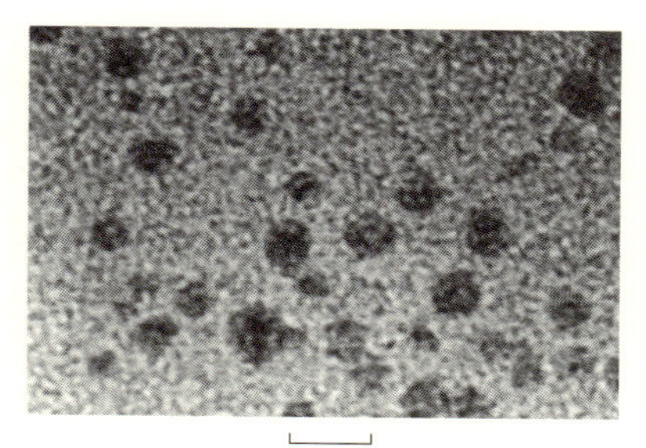


図 4.17 Brust らがチオール系 SAM を用いて作製した金の超微粒子の TEM 像
（Brust, M., *et al.*（1994）*J. Chem. Soc., Chem. Commun.*, 801）

は彼らの作製した金の超微粒子のTEM像であり，直径がすべて5 nm以下であることが明瞭にわかる．また，有機溶媒中に逆ミセルで水滴を分散させて表面保護し，その中に水素化ホウ素ナトリウムを加えることでも超微粒子が合成できる．この逆ミセルを利用した調製法では，金属超微粒子だけでなくCdSやGaPなどの無機化合物の超微粒子も合成されている [66].

### 4.6.3　金属超微粒子の応用研究例

PEMFCの実用化触媒として考えると，安価な金属微粒子（コア）の表面を白金の超薄層（シェル）で覆ったコア-シェル型の超微粒子を作製すれば，触媒活性の向上に加えて高価な白金の使用量を抑えられるものと期待できる．このような観点から，白金をシェルとしたコア-シェル微粒子の開発が進んでいる．Adzicらは4.3.2(1)項の銅を利用したUPD法を利用して，炭素微粒子に担持させたニッケルやコバルトの超微粒子（銅のUPDのためにニッケルに少量の金あるいはパラジウムを混ぜてある）表面を白金の超薄膜で覆ったコア-シェル型の超微粒子を作製し，そのORR活性を評価している [67]．図4.18はその作製手順の模式図である．

まず，コバルトあるいはニッケルに少量の金またはパラジウム（場合によっては白金）を溶かした溶液中に市販の炭素微粒子を混合し分散させたコロイド溶液をつくり，還元剤として水素ガスを加えながら加熱して，コアとなる超微粒子を炭素微粒子表面に担持させる．このとき，加熱温度と加熱時間を適当に制御すると1,2層の金，パラジウム，あるいは白金層に覆われたニッケルあるいはコバルト超微粒子ができる．その表面にUPDした銅を白金に置換して，白金超薄層で覆われたコア-シェル型の超微粒子が作製される．これらのコア-シェル型超微粒子はいずれも，白金のみの超微粒子に

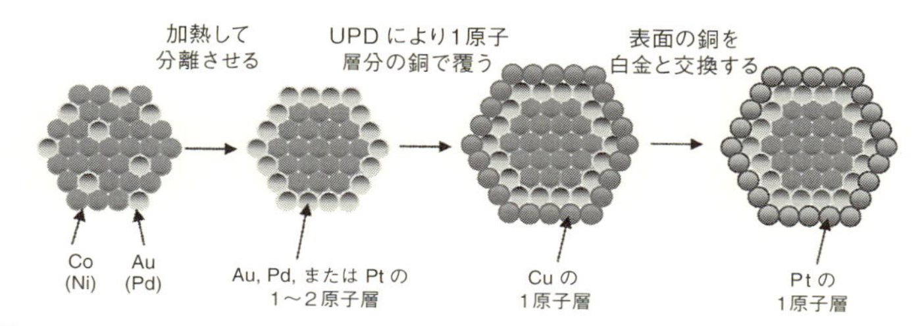


図 4.18 Adzic らのコアーシェル微粒子作製手順の模式図（Zhang, J., *et al.*（2005）*J. Phys. Chem. B*, **109**, 22702）

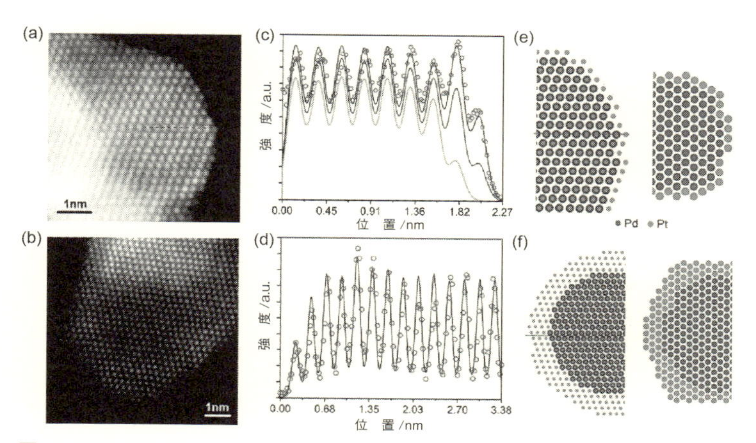


図 4.19 HAADF–STEM 測定結果の一例（Wang, J. X., *et al.*（2009）*J. Am. Chem. Soc.*, **131**, 17301）

（a）$Pd_CPt_1$ および（b）$Pd_CPt_4$ の HAADF-STEM 像.（c），（d）それぞれ（a）および（b）中の直線部の強度プロファイル（丸）. 位置＝0.00 nm は真空部（黒い部分）との接点を示す.（c）の一番上と（d）の実線は，それぞれ（e）および（f）のモデルを基に計算した曲線である.（c）の真ん中の実線と下のグレーの実線は，白金原子の寄与を差し引いたもの，および白金原子の寄与をパラジウムに置き換えたもの.（e）$Pd_CPt_1$ および（f）$Pd_CPt_4$ のコアシェル構造モデル. 左は三次元，右は二次元のモデル.

比べて高いORR触媒活性を示した．この理由のひとつとしてコア-シェル型の超微粒子では，より正電位側の電位においても白金の酸化が抑えられているためということが，XANES測定によって確認されている．パラジウムをコアとしたコア-シェル型超微粒子を用い，そのコアシェル構造が精密に測定されている［68］．図4.19(a)，(b) は図4.18と同様の方法で調製した炭素微粒子に担持されたパラジウム超微粒子に，銅のUPDとその白金置換を1回行ったサンプル（$Pd_CPt_1$）と4回行ったサンプル（$Pd_CPt_4$）それぞれの走査透過型電子顕微鏡（scanning TEM；STEM）像である．STEMとは，3.3.1(2)項で述べたTEMにおいて，1 nm以下に小さくしぼった電子線を走査して散乱電子のみを試料下部に設置した環状暗視野(annular dark field；ADF）検出器で検出し，電子線の走査と同期させて像を得る電子顕微鏡である．高角度に散乱した電子のみを検出することにより（high angle ADF；HAADF)，回折など弾性散乱電子の影響を抑えることができ，その強度比を解析することで高い元素分解能をもつ．図4.19(c)，(d) の丸は (a)，(b) 中の直線部の強度プロファイルであり，それぞれ (e)，(f) をモデルとして計算したプロファイル（黒線）とよく一致している．

このようなコア-シェル構造は，EXAFSの解析結果のコア金属とシェル金属の配位数の違いからも確認されている［69-72］．また，白金-白金原子間距離が白金バルクよりも小さくなっていることが，EXAFSの解析結果やXRDパターンのピーク位置の解析からわかっており［69-72］，この白金原子間距離の収縮によって表面電子エネルギーが変わることが触媒活性向上の主要因であると解釈されている．

白金と他の金属（コバルト，ニッケルなど）との合金の超微粒子を調製し，その後超微粒子表面のコバルトやニッケルを，酸化溶解や加熱によって表面数層を白金のみとしたコアーシェル型超微粒子も作製され，触媒活性が向上するだけでなく，白金使用量の低減化に成功した例もある［73–75］.

さらに，超微粒子内におけるコア金属とシェル金属の拡散速度の違い（Kirkendall 効果という）を利用して，シェル金属を超微粒子内から溶かし出して白金シェルだけを残した白金のみの空洞超微粒子［76］や，二酸化炭素の吸着エネルギーが面方位に依存することを利用して白金が稜線と頂点にのみフレーム構造をとって存在する白金とニッケルの合金の八面体超微粒子［77］など，高い触媒活性を有する超微粒子も調製されている.

## 参考文献


［1］堂山昌男（1990）『単結晶：製造と展望』，内田老鶴圃.

［2］原田広史，横川忠晴（2003）まてりあ，**42**，621.

［3］Higginbotham, G. J. S.（1986）*Mater. Sci. Technol.*, **2**, 442.

［4］Clavilier, J., *et al.*（1980）*J. Electroanal. Chem.*, **107**, 205.

［5］澤口隆博（2002）*Electrochemistry*, **70**, 51.

［6］星永 宏（2002）*Electrochemistry*, **70**, 54.

［7］Yamada, R., Uosaki, K.（2009）“Bottom-up Nanofabrication: Supramolecules, Self-Assemblies, and Organized Films”, Self-Assemblies-I, Ariga, K., Nalwa, H. S. Eds., p. 376, American Scientific Publishers.

［8］Komanicky, V., *et al.*（2006）*J. Electrochem. Soc.*, **153**, B 446.

［9］仁平宣弘，三尾 淳（2012）『はじめての表面処理技術』，技術評論社.

［10］Ye, S., *et al.*（1999）*Langmuir*, **15**, 807.

［11］日本化学会 編（1993）『実験化学講座 16 無機化合物』，第 4 版，丸善出版.

［12］日本化学会 編（1993）『実験化学講座 13 表面・界面』，第 4 版，丸善出版.

［13］土井 正（2008）『よくわかる最新めっきの基本と仕組み—基礎から複合技術まで，めっきのイロハを学ぶ』，秀和システム.

［14］喜多英明，魚崎浩平（1983）『電気化学の基礎』，技報堂出版.

［15］Oviedo, O. A., *et al.*（2014）*Surf. Sci.*, **631**, 23.

［16］Somorjai, G. A.（1994）“Introduction to Surface Chemistry and Catalysis“, John

Wiley & Sons.
[17] Hammer, B., *et al*.（1999）*Phys. Rev. B*, **59**, 7413.
[18] Hammer, B., Nørskov, J. K.（2000）*Adv. Catal.*, **45**, 71.
[19] Naohara, H., *et al*.（2001）*J. Electroanal. Chem.*, **500**, 435.
[20] Takahasi, M., *et al*.（2000）*Surf. Sci.*, **461**, 213.
[21] Uosaki, K., *et al*.（2002）"Thin Films: Preparation, Characterization, Applications", Soriaga, M. P., *et al*., Eds., p.17, Kluwer Academic/Prenum.
[22] Takahasi, M., *et al*.（2010）*J. Phys.: Condens. Matter*, **22**, 474002.
[23] 渡辺政廣，内田裕之（2008）『触媒便覧　燃料電池用電極触媒』，講談社サイエンティフィク.
[24] 渡辺政廣（2006）表面科学，**27**，604.
[25] 渡辺政廣（2005）『実力養成化学スクール　燃料電池』，丸善出版.
[26] Brankovic, S. R., *et al*.（2001）*Surf. Sci.*, **474**, L173.
[27] Lima, F. H. B., *et al*.（2007）*J. Phys. Chem. C*, **111**, 404.
[28] Zhang, J., *et al*.（2005）*J. Am. Chem. Soc.*, **127**, 12480.
[29] Zhang, J., *et al*.（2005）*Angew. Chem. Int. Ed.*, **44**, 2132.
[30] Fayette, M., *et al*.（2011）*Langmuir*, **27**, 5650.
[31] Uosaki, K., *et al*.（1997）*J. Phys. Chem. B*, **101**, 7566.
[32] Kondo, T., *et al*.（2010）*Electrochim. Acta*, **55**, 8302.
[33] Shibata, M., *et al*.（2012）*J. Phys. Chem. C*, **116**, 26464.
[34] Kondo, T., *et al*.（2011）*Chem. Lett.*, **40**, 1235.
[35] Liu, Y., *et al*.（2012）*Science*, **338**, 1327.
[36] Gains, G. L.（1966）"Insoluble Monolayers at Liquid-Gas Interfaces", Wiley.
[37] Roberts, G.（1990）"Langmuir-Blodgett Films", Springer.
[38] Ulman, A.（1991）"An Introduction to Ultrathin Organic Films: From Langmuir-Blodgett to Self-Assembly", Academic Press.
[39] 石井淑夫（1989）『よいLB膜をつくる実践的技術』，共立出版.
[40] Langmuir, I.（1917）*J. Am. Chem. Soc.*, **39**, 1848.
[41] Blodgett, K. A.（1935）*J. Am. Chem. Soc.*, **57**, 1007.
[42] Blodgett, K. A., Langmuir, I.（1937）*Phys. Rev.*, **51**, 964.
[43] 叶 深，大澤雅俊（2003）表面科学，**24**，740.
[44] Finklea, H. O.（1996）"Electroanalytical Chemistry", Bard, A. J., Rubinstein, I. Eds., Marcel Dekker.
[45] 近藤敏啓，魚崎浩平（1999）*Dojin News*, **91**, 3.
[46] Kondo, T., *et al*.（2012）*in* "Organized Organic Ultrathin Films - Fundamentals and

Applications", Ariga, K. Ed., Chap. 2, Wiley-VCH.
[47] Sagiv, J.（1980）*J. Am. Chem. Soc.*, **102**, 92.
[48] Nuzzo, R. G., Allara, D. L.（1983）*J. Am. Chem. Soc.*, **105**, 4481.
[49] Taniguchi, I., *et al.*（1982）*J. Chem. Soc., Chem. Commun.*, 1032.
[50] Poirier, G. E.（1997）*Chem. Rev.*, **97**, 1117.
[51] Yamada, R., Uosaki, K.（1997）*Langmuir*, **13**, 5218.
[52] Yamada, R., Uosaki, K.（1998）*Langmuir*, **14**, 855.
[53] 横山 浩，秋永広幸（2007）『電子線リソグラフィ教本』，オーム社.
[54] 岡崎信次（2006）応用物理，**75**, 1328.
[55] Ochiai, Y., *et al.*（1991）*Jpn. J. Appl. Phys.*, **30**, 3266.
[56] Kumar, A., Whitesides, G. M.（1994）*Science*, **263**, 60.
[57] Fujita, M., *et al.*（2002）*Ultramicroscopy*, **91**, 281.
[58] 高分子学会 編（2012）『微粒子・ナノ粒子』，共立出版.
[59] 日本化学会 編（2013）『ナノ粒子』，共立出版.
[60] Torimoto, T., *et al.*（2006）*Appl. Phys. Lett.*, **89**, 243117.
[61] Shishino, Y., *et al.*（2010）*Chem. Commun.*, **46**, 7211.
[62] Faraday, M.（1857）*Philos. Trans. R. Soc. London*, **147**, 145.
[63] Toshima, N., *et al.*（1993）*J. Chem. Soc., Faraday Trans.*, **89**, 2537.
[64] Yonezawa, T., Toshima, N.（1995）*J. Chem. Soc., Faraday Trans.*, **91**, 4111.
[65] Brust, M., *et al.*（1994）*J. Chem. Soc., Chem. Commun.*, 801.
[66] Peng, X., *et al.*（2000）*Nature*, **404**, 56.
[67] Zhang, J., *et al.*（2005）*J. Phys. Chem. B*, **109**, 22701.
[68] Wang, J. X., *et al.*（2009）*J. Am. Chem. Soc.*, **131**, 17298.
[69] Wang, S., *et al.*（2014）*ACS Appl. Mater. Interfaces*, **6**, 12429.
[70] Zheng, X., *et al.*（2013）*J. Phys.: Conf. Ser.*, **430**, 012038.
[71] Liu, L., *et al.*（2012）*J. Phys. Chem. C*, **116**, 23453.
[72] Sasaki, K., *et al.*（2010）*Electrochim. Acta*, **55**, 2645.
[73] Zhao, X., *et al.*（2015）*J. Am. Chem. Soc.*, **137**, 2804.
[74] Wang, C., *et al.*（2011）*ACS Catal.*, **1**, 1355.
[75] Stamenkovic, V. R., *et al.*（2007）*Nature Mater.*, **6**, 241.
[76] Zhang, Y., *et al.*（2013）*Catal. Today*, **202**, 50.
[77] Oh, A., *et al.*（2015）*ACS Nano*, **9**, 2856.

# おわりに

金属界面の研究・開発対象は，われわれの日常に密着する生活用品や構造材料，生活の基盤である種々のエネルギー変換過程，さらにはロボットやロケットなど最先端の科学技術産業まで広範囲に及んでおり，原子や分子の世界まで精密に理解されているものもあるが，未解決なものがまだまだ多い．これら未解決な課題を解決し，科学の進歩と豊かな社会の構築を担う人材を育てるためには，“金属”を原子レベルでとらえ（第1章），金属界面の基礎的な理解を基本として（第2章），さまざまな測定法を理解し活用して（第3章），新規物質相を創成していくこと（第4章）が不可欠であろうと考えて本書を草した．

今後，“金属界面”がより発展し高度な物質相創成へと展開していくためには“金属界面”の精密な制御法を確立すること，また理論的な進展も必要不可欠である．一人でも多くの読者が“金属界面”に興味をもち，一つひとつの課題を克服しうる研究者に成長して明るい未来をつくる担い手となれば幸いである．

# 索　引

【サ行】



【タ行】



【ナ行】



【ハ行】

【マ行】



【ラ行】



【ワ】

# 略語索引

## 〔著者紹介〕

魚崎浩平（うおさき　こうへい）

1976年　The Flinders University of South Australia, School of Physical Sciences 博士課程修了
現　在　国立研究開発法人 物質・材料研究機構　フェロー
　　　　北海道大学名誉教授，Ph. D.
専　門　表面物理化学・電気化学

近藤敏啓（こんどう　としひろ）

1991年　東京工業大学大学院 総合理工学研究科電子化学専攻 博士課程中退
現　在　お茶の水女子大学 基幹研究院自然科学系　教授，博士（工学）
専　門　界面物理化学・電気化学

化学の要点シリーズ　16　*Essentials in Chemistry 16*

**金属界面の基礎と計測**

*Metal Interfaces: Fundamentals and Characterization*

2016年11月25日　初版 1 刷発行

著　者　魚崎浩平・近藤敏啓
編　集　日本化学会　©2016
発行者　南條光章
発行所　**共立出版株式会社**
　　　　[URL]　http://www.kyoritsu-pub.co.jp/
　　　　〒112-0006 東京都文京区小日向4-6-19　電話 03-3947-2511（代表）
　　　　振替口座　00110-2-57035
印　刷　藤原印刷
製　本　協栄製本
printed in Japan

検印廃止
NDC　431.7, 431.8, 433, 563.5
ISBN 978-4-320-04421-0

一般社団法人
自然科学書協会
会員